注册消防工程师资格考试辅导用书

U0814540

2018年版

消防安全技术实务模拟测试

主　编　祁　闻
副主编　俞君峰　周　亮　罗　成

中国劳动社会保障出版社

图书在版编目（CIP）数据

消防安全技术实务模拟测试：2018 年版 / 祁闻主编 . -- 北京：中国劳动社会保障出版社，2018

注册消防工程师资格考试辅导用书

ISBN 978-7-5167-3665-4

Ⅰ. ①消…　Ⅱ. ①祁…　Ⅲ. ①消防 – 安全技术 – 资格考试 – 习题集　Ⅳ. ①TU998.1-44

中国版本图书馆 CIP 数据核字（2018）第 171804 号

中国劳动社会保障出版社出版发行

（北京市惠新东街 1 号　邮政编码：100029）

*

保定市中画美凯印刷有限公司印刷装订　　新华书店经销

787 毫米 ×1092 毫米　16 开本　9 印张　210 千字

2018 年 7 月第 1 版　　2018 年 9 月第 4 次印刷

定价：30.00 元

营销中心电话：（010）64962347

中国人事考试图书网网址：http：//rsks.class.com.cn

前　言

为满足应试人员全方位备考需求，准确理解注册消防工程师资格考试大纲和2018年版教材，更好地开展复习备考，我们特邀长期从事实践工作和教学研究的专家，对考试大纲和2018年版教材进行深入分析，对历年考试情况进行了系统梳理，结合知识点重要程度，组织编写了“注册消防工程师资格考试辅导用书”，包括模拟测试和考前冲刺两个系列。

模拟测试系列丛书，由贴近考试要求、考试题型和考试难度的模拟测试题组成，力求全面、真实地体现考试重点和考试难点，帮助应试人员进行考前测试，检验学习效果。书中还提供了模拟测试题参考答案及解析。

考前冲刺系列丛书，结合2018年版教材和标准规范内容，总结考试规律，对考点进行了全面梳理，以各章主要考点形式呈现，以便应试人员有的放矢，在有限时间内有效提高备考能力。为便于自我测评，图书最后附有一套模拟测试题，帮助应试人员进行考前冲刺。

需要特别说明的是，本套辅导用书的内容如有与现行国家消防技术标准规范不一致之处，应以国家的消防技术标准规范为准。

由于编者水平所限，加之时间仓促，书中难免存在不足，希望读者批评指正。有关意见建议，请发至邮箱 xfszgks@126.com。

目　录

消防安全技术实务

模拟测试（一）

一、单项选择题（共 80 题，每题 1 分。每题的备选项中，只有 1 个最符合题意）

1. 关于火灾报警区域和探测区域的划分，下列说法错误的是（　　）。

A. 报警区域不得跨越防火分区或楼层划分

B. 探测区域应按独立房（套）间划分

C. 防烟楼梯间前室应当单独划分探测区域

D. 一个探测区域的面积不宜超过 500 m^2

2. 下列场所中，宜选择点型感烟火灾探测器的是（　　）。

A. 厨房　　B. 锅炉房　　C. 通信机房　　D. 烘干车间

3. 关于火灾自动报警系统设置的说法，正确的是（　　）。

A. 从一个防火分区内的任何位置到最邻近的手动报警按钮的直线距离不应大于 30 m

B. 当区域显示器安装在墙上时，其主显示屏距地面高度宜为 1.3 ~ 1.5 m

C. 火灾警报器设置在墙上时，其底边距地面高度应不超过 2.2 m

D. 壁挂式扬声器的底边距地面高度应大于 2.2 m

4. 下列关于防火门及防火卷帘系统的联动控制设计的表述中，错误的是（　　）。

A. 常开防火门应由防火门所在防火分区内的两只独立的火灾探测器或一只火灾探测器与一只手动火灾报警按钮作为联动触发信号，并应由联动控制器或防火门监控器联动关闭

B. 疏散通道上的防火卷帘应由防火分区内任两只独立的感烟火灾探测器或任一只专门用于联动防火卷帘的感烟火灾探测器报警，降至距楼板面 1.8 m 处

C. 疏散通道上的任一侧距卷帘纵深 0.5 ~ 5 m 内应设置不少于两只专门用于联动防火卷帘的感烟火灾探测器

D. 非疏散通道上的防火卷帘应由防火卷帘所在防火分区内任两只独立的火灾探测器报警信号作为触发信号，并联动控制防火卷帘直接下降到楼板面

5. 消防应急照明和疏散指示系统的应急转换时间不应大于（　　）s。

A. 0.25　　B. 0.5　　C. 5　　D. 30

6. 排烟窗应设置在排烟区域的顶部或外墙，下列不符合排烟窗设置要求的是（　　）。

A. 当设置在外墙上时，排烟窗应在储烟仓以内或室内净高度的 1/2 以上，开启形式应有利于烟气的排出

B. 自然排烟窗附近应同时设置便于操作的手动开启装置，手动开启装置距地面高度宜为 1.3 ～ 1.8 m

C. 走道设有机械排烟系统的建筑物，当房间面积不大于 200 m^2 时，排烟窗的设置高度及开启方式可不限

D. 室内或走道的任一点至防烟分区内最近的排烟窗的水平距离不应大于 30 m

7. 关于可燃气体探测报警系统设计的说法，符合规范要求的是（　　）。

A. 由可燃气体报警控制器将报警信号传输至消防控制室的图形显示装置或集中火灾报警控制器，其显示应与火灾报警信息完全一致

B. 可燃气体探测器可接入可燃气体报警控制器，也可直接接入火灾报警控制器的探测回路

C. 探测液化石油气的可燃气体探测器应安装在保护空间的下部

D. 液化石油气探测器可采用壁挂及吸顶安装方式

8. 净空高度大于 6.0 m 且具有自然对流条件的公共建筑，室内或走道的任一点至防烟分区内最近的排烟窗的水平距离不应大于（　　）m。

A. 20　　B. 25　　C. 30　　D. 37.5

9. 下列关于消防水泵设置要求的说法中，错误的是（　　）。

A. 在临时高压消防给水系统、常高压消防给水系统中均需设置消防泵

B. 消火栓给水系统与自动喷水灭火系统不应分别设置消防泵

C. 建筑高度小于 54 m 的住宅和室外消防给水设计流量小于或等于 25 L/s 时，可不设备用泵

D. 建筑室内消防给水设计流量小于或等于 10 L/s 时，可不设备用泵

10. 当高层建筑最低消火栓栓口处的静水压力不大于（　　）MPa，或系统工作压力不大于（　　）MPa 时，可采用不分区消防给水方式。

A. 0.5，1.2　　B. 0.5，2.4　　C. 1.0，1.2　　D. 1.0，2.4

11. 下列关于泡沫灭火系统选择的表述中，错误的是（　　）。

A. 甲、乙、丙类液体储罐区宜选用低倍数泡沫灭火系统

B. 油罐中倍数泡沫灭火系统宜为固定式

C. 油罐中倍数泡沫灭火系统，应选用液下喷射系统

D. 非水溶性液体外浮顶储罐、内浮顶储罐、直径大于 18 m 的固定顶储罐以及水溶性液体的立式储罐，不得选用泡沫炮作为主要灭火设施

12. 下列建筑或场所中，可不设室内消火栓的是（　　）。

A. 占地面积 400 m^2 的厂房　　B. 500 个座位的电影院

C. 建筑高度 32 m 的住宅建筑　　　　　　D. 1 500 个座位的礼堂

13. 采用安全检查表法进行消防安全评估时，安全检查表的编制一般采用经验法和（　　）。

A. 预测分析法　　B. 提问法　　C. 事故分析法　　D. 系统安全分析法

14. 市政消火栓距路边不应大于（　　）m。

A. 1.0　　B. 2.0　　C. 3.0　　D. 5.0

15. 以下关于火灾自动报警系统布线的叙述中，错误的是（　　）。

A. 系统的供电线路、消防联动控制线路应采用阻燃电线电缆

B. 系统内不同电压等级的线缆不应穿入同一根保护管内

C. 采用穿管水平敷设时，除报警总线外，不同防火分区的线路不应穿入同一根管内

D. 报警总线、消防应急广播和消防专用电话等传输线路应采用阻燃或阻燃耐火电线电缆

16. 下列属于经验模型的是（　　）。

A. FPETOOL 模型　　B. ASET 模型　　C. FDS 模型　　D. SOFIE 模型

17. 在值班人员经常工作的一面，消防控制室设备面盘至墙的距离不应小于（　　）m。

A. 1　　B. 1.5　　C. 2　　D. 3

18. 细水雾的主要灭火机理不包括（　　）。

A. 表面冷却　　B. 窒息　　C. 辐射热阻隔　　D. 阻断链式反应

19. 采用吸气型喷射装置的泡沫喷淋系统包含非水溶性甲、乙、丙类液体时，不得选用（　　）。

A. 水成膜泡沫液或成膜氟蛋白泡沫液　　B. 蛋白泡沫液

C. 氟蛋白泡沫液　　　　　　　　　　D. 抗溶性泡沫液

20. 消防用电应采用一级负荷的建筑是（　　）。

A. 建筑高度为 55 m 的金属热处理厂房　　B. 建筑高度为 24 m 的教材仓库

C. 建筑高度为 50 m 的住宅　　　　　　D. 建筑高度为 80 m 的写字楼

21. 消防水泵压力检测装置的计量精度应为 0.5 级，最大量程 75% 应大于最大一条消防水泵设计压力值的（　　）。

A. 100%　　B. 120%　　C. 140%　　D. 165%

22. 下列消防配电设计方案中，不符合规范要求的是（　　）。

A. 防烟排烟风机可采用放射式或树干式供电

B. 消防电梯的两路低压电源应能在每个防火分区配电间内自动切换

C. 消防负荷的配电线路所设置的保护电器不宜设置过负荷保护装置

D. 消防控制室的两路低压电源应能在消防控制室内自动切换

23. 下列自动喷水灭火系统中，属于开式系统的是（　　）。

A. 湿式系统　　B. 重复启闭预作用系统

C. 水幕系统　　D. 自动喷水防护冷却系统

24. 下列关于机械加压送风系统的设置要求中，符合规范要求的是（　　）。

A. 送风机的进风口应与排烟风机的出风口设在同一层面

B. 送风口的风速不宜大于 10 m/s

C. 送风口应设置百叶窗，不宜设置可开启外窗

D. 防烟楼梯间与前室、前室与走道之间应设置余压阀，控制余压阀两侧正压间的压力差不超过 50 Pa

25. 下列关于城市消防远程监控系统设计的说法中，错误的是（　　）。

A. 城市消防远程监控系统的设计应能保证系统具有实时性、适用性、安全性和可扩展性

B. 从用户信息传输装置获取火灾报警信息到监控中心接收显示的响应时间不大于 30 s

C. 远程监控系统进行统一的时钟管理，累计误差不大于 5 s

D. 录音文件的保存周期不少于 6 个月

26. 下列关于消防水泵控制柜的设置，不符合规范要求的是（　　）。

A. 消防水泵控制柜设置在专用消防水泵控制室时，其防护等级不应低于 IP55

B. 消防水泵控制柜前面板的明显部位应设置紧急时打开柜门的装置

C. 消防水泵控制柜应具有自动巡检可调、显示巡检状态和信号等功能

D. 在高温环境下，消防水泵控制柜内应设置自动防潮除湿装置

27. 下列民用建筑的场所内或部位中，应设置排烟设施的是（　　）。

A. 设置在四层，房间建筑面积为 80 m^2 的歌舞娱乐放映游艺场所

B. 公共建筑内建筑面积为 200 m^2 且可燃物较多的房间

C. 消防电梯间前室

D. 建筑内长度为 15 m 的疏散走道

28. 采用局部应用二氧化碳灭火系统的保护对象，下列不符合规范要求的是（　　）。

A. 保护对象周围的空气流动速度不宜大于 3 m/s

B. 在喷头与保护对象之间，喷头喷射角范围内不应有遮挡物

C. 当保护对象为可燃液体时，液面至容器缘口的距离不得小于 100 mm

D. 启动释放二氧化碳灭火系统之前或同时，必须切断可燃、助燃气体的气源

29. 每个报警阀组供水的最高和最低位置喷头的高程差不宜大于（　　）m。

A. 30　　B. 50　　C. 80　　D. 100

30. 关于机械排烟系统设计的说法，正确的是（　　）。

A. 排烟口与附近安全出口相邻边缘之间的水平距离不应小于 1 m

B. 排烟口的风速不宜大于 7 m/s

C. 当同一分区内设置数个排烟口时，应确保发生火灾后排烟口按照火灾蔓延顺序陆续开启

D. 当吊顶内有可燃物时，吊顶内的排烟管道应采用不燃材料进行隔热，并应与可燃物保持不小于 150 mm 的距离

31. 采用 t^2 火模型描述火灾发展过程时，甲醇火灾是（　　）t^2 火。

A. 极快速　B. 中速　C. 慢速　D. 快速

32. 在对单位进行火灾风险评估时，下列不属于消防安全管理水平评估内容的是（　　）。

A. 消防管理制度评估　B. 火灾应急救援预案评估

C. 消防演练计划评估　D. 消防培训方案评估

33. 标准的二氧化碳灭火器每年至少检查一次，低于额定充装量的（　　）就应进行维修。

A. 95%　B. 90%　C. 85%　D. 80%

34. 关于火灾警报和消防应急广播系统的联动控制设计，表述错误的是（　　）。

A. 同一建筑内设置多个火灾声警报器时，火灾自动报警系统只能同时启动和停止同一防火分区或同一楼层的火灾声光警报器的工作

B. 同时设有火灾声警报器和消防应急广播时，火灾声警报应与消防应急广播交替循环播放

C. 确认火灾后，消防应急广播系统应向全楼进行广播

D. 消防控制室应能监听消防应急广播

35. 集中电源非集中控制型消防应急照明和疏散指示系统不包括（　　）。

A. 分配电装置　B. 应急照明控制器

C. 应急照明集中电源　D. 消防应急照明灯具

36. 下列属于火灾危险源中的人为因素的是（　　）。

A. 电气引起火灾　B. 易燃易爆物品引起火灾

C. 气象因素引起火灾　D. 用火不慎引起火灾

37. 下列关于火灾风险评估的分类中，不属于按指标处理方式划分的是（　　）。

A. 定性评估　B. 半定性评估　C. 定量评估　D. 半定量评估

38. 某一非水溶性液体的外浮顶储罐，其泡沫混合液的供给强度不应小于（　　）L/（min·m^2）。

A. 4.5　B. 6.5　C. 8　D. 12.5

39. 下列关于气体灭火系统安全要求的表述中，错误的是（　　）。

A. 设置气体灭火系统的防护区应设疏散通道和安全出口，保证防护区内所有人员在

1 min 内撤离完毕

B. 防护区的疏散通道及出口，应设消防应急照明灯具和疏散指示标志灯

C. 防护区的门应向疏散方向开启，并能自行关闭

D. 地下防护区应设置机械排风装置

40. 二氧化碳气体灭火系统不适用于扑救（　　）。

A. 电气火灾　　B. 固体表面火灾

C. 金属火灾　　D. 灭火前能切断气源的气体火灾

41. 某一酒库，占地面积 300 m^2，内部储存酒精度为 52° 的某一品牌白酒，其内部配置推车式灭火器时，灭火器的最大保护距离为（　　）m。

A. 9　　B. 18　　C. 12　　D. 24

42. 某一住宅楼，建筑高度为 68 m，其设置的高位消防水箱的有效容积不应小于（　　）m^3。

A. 12　　B. 18　　C. 36　　D. 50

43. 不宜选择闭式细水雾灭火系统的场所是（　　）。

A. 电缆隧道　　B. 采用非密集柜储存的图书库

C. 采用非密集柜储存的资料库　　D. 采用非密集柜储存的档案库

44. 关于地铁建筑疏散宽度和疏散距离的设计，做法错误的是（　　）。

A. 站台和站厅公共区内任一点到安全出口的距离为 40 m

B. 车站设备与管理用房直接通向疏散走道的疏散门至安全出口的距离，当房间门位于 2 个安全出口之间时，疏散门与最近安全出口的距离为 50 m

C. 车站设备与管理用房直接通向疏散走道的疏散门至安全出口的距离，当房间门位于袋形走道两侧或尽端时，疏散门与最近安全出口的距离为 21 m

D. 设备与管理用房区的房间单面布置，疏散通道的宽度为 1.5 m

45. 某市一地铁站可实现三站换乘，共用一个站厅公共区，站厅公共区的建筑面积不应大于（　　）m^2。

A. 5 000　　B. 4 000　　C. 3 000　　D. 2 000

46. 修车库的每个防火分区的最大允许建筑面积不应大于（　　）m^2，当修车部位与相邻使用有机溶剂的清洗和喷漆工段采用防火墙分隔时，每个防火分区的最大允许建筑面积不应大于（　　）m^2。

A. 500，1 000　　B. 1 000，2 000　　C. 2 000，4 000　　D. 3 000，6 000

47. 某地上四层汽车库，高度为 23 m，建筑面积为 8 000 m^2，耐火等级为一级且设有自动灭火系统，其最少可划分为（　　）个防火分区。

A. 1　　B. 2　　C. 3　　D. 4

48. 停车数量为 185 辆的汽车库属于（　　）类汽车库。

A. Ⅰ　　B. Ⅱ　　C. Ⅲ　　D. Ⅳ

49. 下列关于放空管的设置中，不符合要求的是（　　）。

A. 放空管应设在设备或容器的顶部

B. 室内设备安全放空管不得引出室外

C. 间歇排放的放空管口应高出 10 m 范围内的平台

D. 平台或建筑物应与放空管垂直面呈 45°

50. 关于石油化工场所内输送设施防火，下列说法正确的是（　　）。

A. 输送可燃气体的管道，应经常保持负压状态

B. 输送气体的压缩机吸入口处应保持负压状态

C. 输送粉料的管道，应选择绝缘性材料，且管外不得有金属性连接

D. 输送有爆炸性或燃烧性物料时，要采用氮气、二氧化碳等惰性气体代替空气，以防燃烧和爆炸发生

51. 在对一条长度 1 200 m 的隧道进行消防设施配置时，隧道内的消火栓用水量不应小于（　　），隧道外的消火栓用水量不应小于（　　）。

A. 20 L/s，30 L/s　　B. 30 L/s，20 L/s

C. 15 L/s，20 L/s　　D. 20 L/s，15 L/s

52. 某一公路隧道，长度 1 500 m，隧道内设置 ABC 干粉灭火器，设置点间距不应大于（　　）m。

A. 20　　B. 30　　C. 50　　D. 100

53. 信息机房的高低压配电室、变压器室、变频机室、稳压稳频室、发电机房等不能设置的灭火系统为（　　）。

A. 二氧化碳气体灭火系统　　B. IG-541 气体灭火系统

C. 七氟丙烷气体灭火系统　　D. 三氟甲烷气体灭火系统

54. 关于人防工程内设置地下商店，说法错误的是（　　）。

A. 不应经营和储存火灾危险性为甲、乙类属性的商品

B. 营业厅不应设置在地下三层及三层以下

C. 当地下商店总建筑面积大于 20 000 m^2 时，应采用防火卷帘进行防火分隔

D. 不得在防火墙上开设门窗、洞口，确需局部连通时，应采取可靠的防火分隔措施

55. 人防工程设置有火灾自动报警系统和自动灭火系统，丙类可燃固体库房防火分区允许最大建筑面积不应大于（　　）m^2。

A. 150　　B. 300　　C. 600　　D. 1 000

56. 建在森林、郊野的古建筑周围应开辟防火隔离带，并在秋冬季节清除至少（　　）m 范围内的杂草、干枯树枝等可燃物。规模较大的古建筑，确实无法开辟防火间

距的，应在不破坏原有格局的基础上，设置防火墙、水幕等防火分隔设施。

A. 20　　B. 30　　C. 40　　D. 50

57. 下列油罐燃烧时，不会发生沸溢、喷溅的是（　　）。

A. 汽油　　B. 原油　　C. 重油　　D. 沥青油

58. 可燃粉尘爆炸，按爆炸性质分类属于（　　）。

A. 物理爆炸　　B. 化学爆炸　　C. 气体爆炸　　D. 核爆炸

59. 建筑室内燃烧过程中，燃烧范围不断扩大，室内温度呈明显上升，并有可能发生“轰燃”现象，这一阶段被称为（　　）。

A. 初期增长阶段　　B. 充分发展阶段

C. 火灾衰减阶段　　D. 火灾熄灭阶段

60. 建筑室内发生火灾时，当室内通风不良，燃烧处于缺氧状态时，由于氧气的引入导致热烟气发生的爆炸性或快速的燃烧现象，称之为（　　）。

A. 闪燃　　B. 轰燃　　C. 回燃　　D. 爆燃

61. 按下图计算，200 人按疏散指示有序通过一个净宽度为 2 m 且直接对外的疏散出口疏散至室外，其最快疏散时间约为（　　）s。

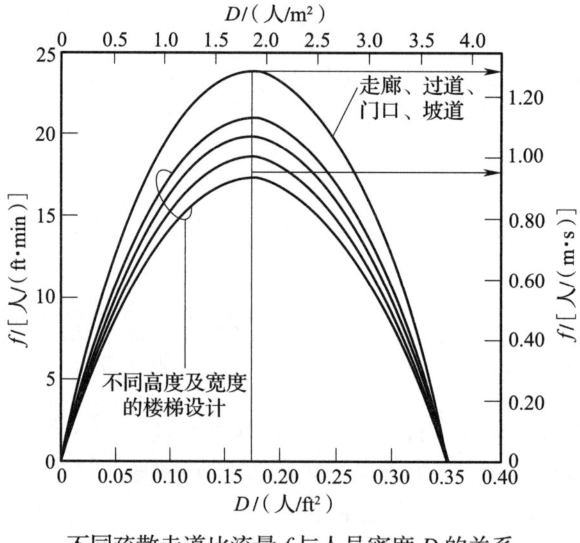

不同疏散走道比流量 f 与人员密度 D 的关系

（引自美国《SFPE 防火工程手册》，1 ft=0.304 8 m）

注释：比流量是指建筑物出口在单位时间内通过单位宽度的人流数量[单位：人/（m·s）]，比流量反映了单位宽度的通行能力。根据对多种建筑的观测结果，比流量在水平出口、通道处和在楼梯处不同，而不同的人员密度也将影响比流量。

A. 40　　B. 60　　C. 80　　D. 100

62. 下列火灾中，不应采用碳酸氢钠干粉灭火的是（　　）。

A. 可燃气体火灾　　B. 易燃、可燃液体火灾
C. 可熔化固体火灾　　D. 可燃固体表面火灾

63. 某地上 4 层乙类厂房，其有爆炸危险的生产部位宜设置在第（　　）层靠外墙泄压设施附近。

A. 三　　B. 四　　C. 二　　D. 一

64. 某 7 层商业综合体建筑，裙房与塔楼连通部位采用防火卷帘分隔。裙房地上 3 层，地下 2 层，建筑面积 35 000 m^2，耐火等级一级，商业业态包括商业营业厅及餐厅等。裙房第三层百人疏散宽度指标应为（　　）m/ 百人。

A. 0.65　　B. 1.00　　C. 0.75　　D. 0.85

65. 下列初始条件中，可使甲烷爆炸极限范围变窄的是（　　）。

A. 注入氮气　　B. 提高温度　　C. 增大压力　　D. 增大点火能量

66. 根据《汽车库、修车库、停车场设计防火规范》（GB 50967）的规定，关于室外消火栓用水量的说法，正确的是（　　）。

A. Ⅱ类汽车库、修车库、停车场室外消火栓用水量不应小于 15 L/s
B. Ⅰ类汽车库、修车库、停车场室外消火栓用水量不应小于 20 L/s
C. Ⅲ类汽车库、修车库、停车场室外消火栓用水量不应小于 10 L/s
D. Ⅳ类汽车库、修车库、停车场室外消火栓用水量不应小于 5 L/s

67. 闭式泡沫—水喷淋系统的供给强度不应小于（　　）L/（min · m^2）。

A. 4.5　　B. 6.5　　C. 5.0　　D. 6.0

68. 细水雾灭火系统按供水方式分类，可分为泵组式系统、瓶组与泵组结合式系统和（　　）。

A. 低压系统　　B. 瓶组式系统
C. 中压系统　　D. 高压系统

69. 某总建筑面积为 900 m^2 的办公建筑，地上 3 层，地下 1 层，地上部分为办公用房，地下一层为自行车库和设备用房，该建筑地下部分最低耐火等级应为（　　）。

A. 二级　　B. 一级　　C. 三级　　D. 四级

70. 下列建筑中，不需要设置消防电梯的是（　　）。

A. 建筑高度 26 m 的医院　　B. 总建筑面积 21 000 m^2 的高层商场
C. 建筑高度 32 m 的二类办公楼　　D. 12 层住宅建筑

71. 采用燃烧性能为 A 级，耐火极限≥ 1 h 的秸秆纤维板材组装的预制环保型板房，可广泛用于施工工地和灾区过道设置，在静风状态下，对板房进行实体火灾试验，测得距着火板房外墙各测点的最大热辐射如下表所示，据此可判定，该板房安全经济的防火间距是（　　）m。

测点	疏散距 /m	最大热辐射温度 / (kW/m^2)	达最大热辐射强度的时间 /s
1	1.0	24.425	222
2	2.0	12.721	213
3	3.0	6.640	213
4	4.0	2.529	214

A. 1.0　　B. 2.0　　C. 3.0　　D. 4.0

72. 关于中庭与周围连通空间进行防火分隔的做法，错误的是（　　）。
A. 采用乙级防火门、窗，且火灾时能自行关闭
B. 采用耐火极限为 1.00 h 的防火隔墙
C. 采用耐火隔热性和耐火完整性为 1.00 h 的防火玻璃墙
D. 采用耐火完整性为 1.00 h 的非隔热性防火玻璃墙，并设置自动喷水灭火系统保护

73. 关于汽车库防火设计的做法，不符合规范要求的是（　　）。
A. 社区幼儿园与地下车库之间采用耐火极限不低于 2 h 的楼板完全分隔，安全出口和疏散楼梯分别独立设置
B. 地下二层设置汽车库，设备用房，存放丙类物品的工具库和自行车库
C. 地下一层汽车房附设一个修理车位，一个喷漆间
D. 地下二层设置谷物运输车、大巴车和垃圾运输车车间

74. 需 24 h 有人值守的大型通信机房，不应选用（　　）。
A. 二氧化碳灭火系统　　B. 七氟丙烷灭火系统
C. IG–541 灭火系统　　D. 细水雾灭火系统

75. 净高 6 m 以下的室内空间，顶棚射流的厚度通常为室内净高的 5% ~ 12%，其最大温度和速度出现在顶棚以下室内净高的（　　）处。
A. 5%　　B. 1%　　C. 3% ~ 5%　　D. 5% ~ 10%

76. 影响公共建筑疏散设计指标的主要因素是（　　）。
A. 人员密度　　B. 人员对环境的熟知度
C. 人员心理承受能力　　D. 人员身体状况

77. 集中电源集中控制型消防应急照明和疏散指示系统不包括（　　）。
A. 分配电装置　　B. 应急照明控制器
C. 输入模块　　D. 消防应急照明灯具

78. 湿式自动喷水灭火系统的喷淋泵，应由（　　）信号直接控制启动。
A. 信号阀　　B. 水流指示器
C. 压力开关　　D. 消防联动控制器

79. 关于消防车道设置的说法，错误的是（　　）。

A. 消防车道的坡度不宜大于 9%

B. 超过 3 000 个座位的体育馆应设置环形消防车道

C. 消防车道边缘距离取水点不宜大于 2 m

D. 高层住宅建筑可沿建筑的一个长边设置消防车道

80. 人防工程的采光窗井与相邻一类高层民用建筑主体出入口的最小防火间距是（　　）m。

A. 6　　B. 9　　C. 10　　D. 13

二、多项选择题（共 20 题，每题 2 分。每题的备选项中，有 2 个或 2 个以上符合题意，至少有 1 个错项。错选，本题不得分；少选，所选的每个选项得 0.5 分）

81. 下列物品中，储存与生产火灾危险性类别不同的有（　　）。

A. 铝粉　　B. 竹藤家具

C. 漆布　　D. 桐油织物

E. 谷物面粉

82. 某地下变电站，主变电气容量为 150 MV · A，该变电站的下列防火设计方案中，不符合规范要求的有（　　）。

A. 继电器室设置感温火灾探测器

B. 主控通信室设计火灾自动报警系统及疏散应急照明

C. 变压器设置水喷雾灭火系统

D. 电缆层设置感烟火灾探测器

E. 配电装置室采用火焰探测器

83. 某商业建筑，建筑高度 23.3 m，地上标准层每层划分为面积相近的 2 个防火分区，防火分隔部位的宽度为 60 m，该商业建筑的下列防火分隔做法中，正确的有（　　）。

A. 防火墙上设置两个不可开启的乙级防火窗

B. 防火墙上设置两樘常闭式乙级防火门

C. 设置总宽度为 18 m、耐火极限为 3.00 h 的特级防火卷帘

D. 采用耐火极限为 3.00 h 的不燃性墙体从楼地面基层隔断至梁或楼板地面基层

E. 通风管道在穿越防火墙处设置一个排烟防火阀

84. 下列照明灯具的防火措施中，符合规范要求的有（　　）。

A. 燃气锅炉房内固定安装任意一种防爆类型的照明灯具

B. 照明线路接头采用锡钎焊焊接并用绝缘布包好，配电盘后线路接头数量不限

C. 潮湿的厂房内外采用封闭型灯具或有防水型灯座的开启型灯具

D. 木制吊顶上安装附带镇流器的荧光灯具

E. 舞池脚灯的电源导线采用截面积不小于 2.5 mm^2 助燃电缆明敷

85. 某平战结合的人防工程，地下 3 层。下列防火设计中，符合《人民防空工程设计

防火规范》(GB 50098) 要求的有（　　）。

A. 地下一层靠外墙部位设油浸电力变压器室

B. 地下一层设卡拉 OK 厅、室内地面与室外出入口地坪高差 6 m

C. 地下三层设沉香专卖店

D. 地下一层设员工宿舍

E. 地下一层设 400 m^2 儿童游乐场，游乐场下层设汽车库

86. 末端试水装置开启后，（　　）等组件和喷淋泵应动作。

A. 水流指示器

B. 水力警铃

C. 闭式喷头

D. 压力开关

E. 湿式报警阀

87. 关于防烟排烟系统联动控制的做法，符合规范要求的有（　　）。

A. 同一防烟分区内的一只感烟探测器和一只感温探测器报警，联动控制该防烟分区的排烟口开启

B. 同一防烟分区内的两只感烟探测器报警，联动控制该防烟分区及相邻防烟分区的排烟口开启

C. 排烟口附近的一只手动报警按钮报警，控制该排烟口开启

D. 排烟阀开启动作信号联动控制排烟风机启动

E. 通过消防联动控制器上的手动控制盘直接控制排烟风机启动、停止

88. 与基层墙体、装饰层之间无空腔的住宅外墙外保温系统，当建筑高度大于 27 m，但不大于 100 m 时，下列保温材料中，燃烧性能符合要求的有（　　）。

A. B_2 级保温材料

B. A 级保温材料

C. B_3 级保温材料

D. B_1 级保温材料

E. B_4 级保温材料

89. 管网七氟丙烷灭火系统的控制方式有（　　）。

A. 紧急停止

B. 自动控制启动

C. 手动控制启动

D. 温控启动

E. 机械应急操作启动

90. 关于消防水泵控制的说法，正确的有（　　）。

A. 消防水泵出水干管上设置的压力开关应能控制消防水泵的启动

B. 消防水泵出水干管上设置的压力开关应能控制消防水泵的停止

C. 消防控制室应能控制消防水泵启动

D. 消防水泵控制柜应能控制消防水泵启动、停止

E. 手动火灾报警按钮信号应能直接启动消防水泵

91. 七氟丙烷的主要灭火机理有（　　）。

A. 降低燃烧反应速度

B. 降低燃烧区可燃气体浓度

C. 隔绝空气

D. 抑制、阻断链式反应

E. 降低燃烧区的温度

92. 室外消火栓射流不能抵达室内且室内无传统彩画、壁画、泥塑的文物建筑，宜考虑设置室内消火栓系统或（　　）。

A. 加大室外消火栓设计流量

B. 设置消防水炮

C. 配置移动高压水喷雾灭火设备

D. 加大火灾延续时间

E. 设置预作用自动喷水灭火系统

93. 关于火灾警报和消防应急广播系统联动控制设计的说法，符合规范要求的有（　　）。

A. 火灾确认后应启动建筑内所有火灾声光警报器

B. 消防控制室应能手动控制选择广播分区、启动和停止应急广播系统

C. 消防应急广播启动后应停止相应区域的声警报器

D. 集中报警系统和控制中心报警系统应设置消防应急广播

E. 当火灾确认后，消防联动控制器应联动启动消防应急广播向火灾发生区域及相邻防火分区广播

94. 关于锅炉房防火防爆设计的做法，正确的有（　　）。

A. 燃气锅炉房选用防爆型事故排风机

B. 锅炉房设置在地下一层靠外墙部位，上一层为西餐厅，下一层为汽车库

C. 设点型感温火灾探测器

D. 总储存量为 3 m^3 的储油间与锅炉房之间用 3 h 的防火墙和甲级防火门分隔

E. 电力线路采用绝缘线明敷

95. 关于甲、乙、丙类液体，以及气体储罐区的防火要求，错误的有（　　）。

A. 罐区应布置在城市的边缘或相对独立的安全地带

B. 甲、乙、丙类液体储罐宜布置在地势相对较低的地带

C. 液化石油气储罐区宜布置在地势平坦等不易积存液化石油气的地带

D. 液化石油气储罐区四周应设置高度不小于 0.8 m 的不燃烧性实体防护墙

E. 钢制储罐必须做防雷接地，接触点不应少于 1 处

96. 下列储存物品中，火灾危险性类别属于甲类的有（　　）。

A. 樟脑油

B. 石脑油

C. 汽油

D. 润滑油

E. 煤油

97. 下列设施设置在商业综合体建筑地下一层的场所中，疏散门应直通室外或安全出口的有（　　）。

A. 锅炉房　　B. 柴油发电机房

C. 油浸变压器室　　D. 消防水泵房

E. 消防控制室

98. 关于古建筑灭火器配置的说法，错误的有（　　）。

A. 县级以上的文物保护古建筑，单具灭火器最小配置灭火级别是 3A

B. 县级以上的文物保护古建筑，单位灭火级别最大保护面积是 60 m^2/A

C. 县级以下的文物保护古建筑，单具灭火器最小配置灭火级别是 2A

D. 县级以下的文物保护古建筑，单位灭火级别最大保护面积是 90 m^2/A

E. 县级以下的文物保护古建筑，单位灭火级别最大保护面积是 75 m^2/A

99. 某高 15 m、直径 15 m 的非水溶性丙类液体固定顶储罐，拟采用低倍数泡沫灭火系统保护，可选择的型式有（　　）。

A. 液上喷射系统　　B. 液下喷射系统

C. 半固定式泡沫系统　　D. 移动式低倍数泡沫系统

E. 半液下喷射系统

100. 基于热辐射影响，在确定建筑防火间距时应考虑的主要因素有（　　）。

A. 相邻建筑的生产和使用性质

B. 相邻建筑外墙燃烧性能和耐火极限

C. 相邻建筑外墙开口大小及相对位置

D. 建筑高差小于 15 m 的相邻较低建筑的建筑层高

E. 建筑高差大于 15 m 的较高建筑的屋顶天窗开口大小

消防安全技术实务
模拟测试（二）

一、单项选择题（共 80 题，每题 1 分。每题的备选项中，只有 1 个最符合题意）

1. 关于火灾探测器的说法，正确的是（　　）。

A. 点型感温探测器是不可复位探测器

B. 感烟型火灾探测器都是点型火灾探测器

C. 既能探测烟雾又能探测温度的探测器是复合火灾探测器

D. 剩余电流式电气火灾监控探测器不属于火灾探测器

2. 关于控制中心报警系统的说法，不符合规范要求的是（　　）。

A. 控制中心报警系统至少包含两个集中报警系统

B. 控制中心报警系统具备消防联动控制功能

C. 控制中心报警系统有两个及以上消防控制室时，应确定其中一个为消防主控制室

D. 控制中心报警系统各分消防控制室之间可以相互传输信息并控制重要设备

3. 关于火灾自动报警系统组件的说法，正确的是（　　）。

A. 手动火灾报警按钮是手动产生火灾报警信号的器件，不属于火灾自动报警系统触发器件

B. 火灾报警控制器可以接收、显示和传递火灾报警信号，并能发出控制信号

C. 剩余电流式电气火灾监控探测器与电气火灾监控器连接，不属于火灾自动报警系统

D. 火灾自动报警系统备用电源采用的蓄电池满足供电时间要求时，主电源可不采用消防电源

4. 下列场所中，不宜选择感烟探测器的是（　　）。

A. 汽车库　　B. 计算机房　　C. 发电机房　　D. 电梯机房

5. 某酒店厨房的火灾探测器经常误报火警，最可能的原因是（　　）。

A. 厨房内安装的是感烟火灾探测器

B. 厨房内的火灾探测器编码地址错误

C. 火灾报警控制器供电电压不足

D. 厨房内的火灾探测器通信信号总线故障

6. 下列设置在公共建筑内的柴油发电机房的设计方案中，错误的是（　　）。
A. 采用轻柴油作为柴油发电机燃料
B. 燃料管道在进入建筑物前设置自动和手动切断阀
C. 火灾自动报警系统采用感温探测器
D. 设置湿式自动喷水灭火系统

7. 下列建筑场所中，不应布置在民用建筑地下二层的是（　　）。
A. 礼堂　　B. 电影院观众厅　　C. 歌舞厅　　D. 会议厅

8. 下列建筑场所中，可不设置室外消火栓的是（　　）。
A. 用于消防救援和消防车停靠的屋面上
B. 高层民用建筑
C. 三层居住区，居住人数不超过 500 人
D. 耐火等级不低于二级且建筑物体积小于或等于 3 000 m^3 的戊类厂房

9. 建筑物的耐火等级由建筑主要构件的（　　）决定。
A. 燃烧性能　　B. 耐火极限
C. 燃烧性能和耐火极限　　D. 结构类型

10. 在标准耐火试验条件下对 4 组承重墙试件进行耐火极限测定，试验结果如下表所示。表中数据正确的试验序号是（　　）。

序号	承载能力 /min	完整性 /min	隔热性 /min
1	130	120	115
2	130	135	115
3	115	120	120
4	115	115	120

A. 序号 2　　B. 序号 1　　C. 序号 3　　D. 序号 4

11. 关于疏散楼梯间设置的做法，错误的是（　　）。
A. 二层展览建筑无自然通风条件的封闭楼梯间，在楼梯间直接设置机械加压送风系统
B. 与高层办公主体建筑之间设置防火墙的商业裙房，其疏散楼梯间采用封闭楼梯间
C. 建筑高度为 33 m 的住宅建筑，户门均采用乙级防火门，其疏散楼梯间采用敞开楼梯间
D. 建筑高度为 32 m，标准层建筑面积为 1 500 m^2 的电信楼，其疏散楼梯间采用封闭楼梯间

12. 机械加压送风系统启动后，按照余压值从大到小排列，排序正确的是（　　）。
A. 走道、前室、防烟楼梯间　　B. 前室、防烟楼梯间、走道

C. 防烟楼梯间、前室、走道　　D. 防烟楼梯间、走道、前室

13. 下列建筑或场所中，可不设置室内消火栓的是（　　）。
A. 占地面积 500 m^2 的丙类仓库
B. 粮食仓库
C. 高层公共建筑
D. 建筑体积 5 000 m^3 耐火等级三级的丁类厂房

14. 关于火灾类别的说法，错误的是（　　）。
A. D 类火灾是物体带电燃烧的火灾
B. A 类火灾是固体物质火灾
C. B 类火灾是液体火灾或可熔化固体物质火灾
D. C 类火灾是气体火灾

15. 室外消火栓距建筑物外墙不宜小于（　　）m。
A. 2.0　　B. 3.0　　C. 6.0　　D. 5.0

16. 大学生集体宿舍楼疏散走道内设置的疏散照明，其地面水平照度不应低于（　　）lx。
A. 1.0　　B. 5.0　　C. 10.0　　D. 3.0

17. 灭火器组件不包括（　　）。
A. 筒体、阀门　　B. 压力开关
C. 压力表、保险销　　D. 虹吸管、密封圈

18. 下列建筑防爆措施中，不属于预防性措施的是（　　）。
A. 生产过程中尽量不用具有爆炸性危险的可燃物质
B. 消除静电火花
C. 设置可燃气体浓度报警装置
D. 设置泄压构件

19. 根据防烟排烟系统的联动控制设计要求，当（　　）时，送风口不会动作。
A. 同一防护区内一只火灾探测器和一只手动报警按钮报警
B. 联动控制器接收到送风机启动的反馈信号
C. 同一防护区内两只独立的感烟探测器报警
D. 在联动控制器上手动控制送风口开启

20. 关于地铁车站安全出口设置的说法，错误的是（　　）。
A. 每个站厅公共区应设置不少于 2 个直通地面的安全出口
B. 安全出口同方向设置时，2 个安全出口通道口部之间的净距不应小于 5 m
C. 地下车站的设备与管理用房区域安全出口的数量不应少于 2 个
D. 地下换乘车站的换乘通道不应作为安全出口

21. 将计算空间划分为众多相互关联的体积元，通过求解质量、能量和动量方程，可获得空间（　　）。

A. 经验模型　　B. 区域模型　　C. 不确定模型　　D. 场模型

22. 联动型火灾报警控制器的功能不包括（　　）。

A. 显示火灾显示盘的工况　　B. 显示系统屏蔽信息

C. 联动控制稳压泵启动　　D. 切断非消防电源供电

23. 水喷雾的主要灭火机理不包括（　　）。

A. 窒息　　B. 乳化　　C. 稀释　　D. 阻断链式反应

24. 采用非吸气型喷射装置的泡沫喷淋系统保护非水溶性甲、乙、丙类液体时，应选用（　　）。

A. 水成膜泡沫液或成膜氟蛋白泡沫液　　B. 蛋白泡沫液

C. 氟蛋白泡沫液　　D. 抗溶性泡沫液

25. 在建筑高度为 126.2 m 的办公塔楼短边侧拟建一座建筑高度为 23.9 m 耐火等级为二级的商业建筑，该商业建筑屋面板耐火等级为 1.00 h 且无天窗，毗邻办公塔楼外墙为防火墙，其防火间距不应小于（　　）m。

A. 9　　B. 4　　C. 6　　D. 13

26. 单台消防水泵的设计压力和流量分别不应大于（　　）时，消防泵组应在泵房内预留流量计和压力计接口。

A. 0.50 MPa，25 L/s　　B. 1.00 MPa，25 L/s

C. 1.00 MPa，20 L/s　　D. 0.50 MPa，20 L/s

27. 下列消防配电设计方案中，符合规范要求的是（　　）。

A. 消防水泵电源由建筑一层低压分配电室出线

B. 消防电梯配电线路采用树干式供电

C. 消防配电线路设置过负载保护装置

D. 排烟风机两路电源在排烟机房内自动切换

28. 关于地铁防烟排烟设计的说法，正确的是（　　）。

A. 站台公共区每个防烟分区的建筑面积不宜超过 2 000 m^2

B. 地下车站的设备用房和管理用房的防烟分区可以跨越防火分区

C. 站厅公共区每个防烟分区的建筑面积不宜超过 3 000 m^2

D. 地铁内设置的挡烟垂壁等设施的下垂高度不应小于 450 mm

29. 下列自动喷水灭火系统中，属于开式系统的是（　　）。

A. 湿式系统　　B. 干式系统　　C. 雨淋系统　　D. 预作用系统

30. 避难走道楼板及防火隔墙的最低耐火极限应分别为（　　）。

A. 1.00 h，2.00 h
B. 1.50 h，2.00 h
C. 1.50 h，3.00 h
D. 1.00 h，3.00 h

31. 消防用电应采用一级负荷的建筑是（　　）。
A. 建筑高度为 45 m 的乙类厂房
B. 建筑高度为 55 m 的丙类仓库
C. 建筑高度为 50 m 的住宅
D. 建筑高度为 45 m 的写字楼

32. 下列加油加气站组合中，允许联合建站的是（　　）。
A. LPG 加气站与加油站
B. CNG 加气母站与加油站
C. CNG 加气母站与 LNG 加气站
D. LPG 加气站与 CNG 加气站

33. 下列场所灭火器配置方案中，错误的是（　　）。
A. 商场女装库房配置水基型灭火器
B. 碱金属（钾、钠）库房配置水型灭火器
C. 食用油库房配置泡沫灭火器
D. 液化石油气灌瓶间配置干粉灭火器

34. 净空高度不大于 6.0 m 的民用建筑采用自然排烟的防烟分区内任一点至最近排烟窗的水平距离不应大于（　　）m。
A. 20
B. 35
C. 50
D. 30

35. 采用泡沫灭火系统保护酒精储罐，应选用（　　）。
A. 抗溶泡沫液
B. 水成膜泡沫液
C. 氟蛋白泡沫液
D. 蛋白泡沫液

36. 关于灭火器配置计算修正系数的说法，错误的是（　　）。
A. 同时设置室内消火栓系统、灭火系统和火灾自动报警系统时，修正系数为 0.3
B. 仅设室内消火栓系统时，修正系数为 0.9
C. 仅设有灭火系统时，修正系数为 0.7
D. 同时设置室内消火栓系统和灭火系统时，修正系数为 0.5

37. 某商业综合体建筑，裙房与高层建筑主体采用防火墙分隔，地上 4 层，地下 2 层，地下二层为汽车库，地下一层为超市及设备用房，地上各层功能包括商业营业厅、餐厅及电影院。下列场所对应的防火分区建筑面积中，错误的是（　　）。
A. 地下超市，2 100 m^2
B. 商业营业厅，4 800 m^2
C. 集中餐饮区，4 200 m^2
D. 电影院区域，3 100 m^2

38. 下列场所中，不需要设置火灾自动报警系统的是（　　）。
A. 高层建筑首层停车数为 200 辆的汽车库
B. 采用汽车专用升降机做汽车疏散出口的汽车库
C. 停车数为 350 辆的单层汽车库
D. 采用机械设备进行垂直或水平移动形式停放汽车的敞开汽车库

39. 七氟丙烷气体灭火系统不适用于扑救（　　）。

A. 电气火灾　　B. 固体表面火灾
C. 金属氢化物火灾　　D. 灭火前能切断气源的气体火灾

40. 下列民用建筑的场所或部位中，应设置排烟设施的是（　　）。
A. 设置在二层，房间建筑面积为 50 m^2 的歌舞娱乐放映游艺场所
B. 地下一层的防烟楼梯间前室
C. 建筑面积 120 m^2 的中庭
D. 建筑内长度为 18 m 的疏散走道

41. 城市消防远程监控系统不包括（　　）。
A. 用户信息传输装置　　B. 报警传输网络
C. 火警信息终端　　D. 火灾报警控制器

42. 下列建筑材料中，燃烧性能等级属于 B_1 级的是（　　）。
A. 水泥板　　B. 混凝土板
C. 矿棉板　　D. 胶合板

43. 下列装修材料中，属于 B_1 级墙面装修材料的是（　　）。
A. 塑料贴面装饰板　　B. 纸制装饰板
C. 无纺贴墙布　　D. 纸面石膏板

44. 根据规范要求，剩余电流式电气火灾监控探测器应设置在（　　）。
A. 高压配电系统末端　　B. 采用 IT、TN 系统的配电线路上
C. 泄漏电流大于 500 mA 的供电线路上　　D. 低压配电系统首端

45. 判断某封闭段长度为 1.5 km 的城市交通隧道的类别，正确的是（　　）。
A. 允许通行危险化学品车的隧道，定为一类隧道
B. 不允许通行危险化学品车的隧道，定为二类隧道
C. 仅限通行非危险化学品车的隧道，无论单孔双孔，均定为三类隧道
D. 单孔的隧道定为一类隧道，双孔的隧道定为二类隧道

46. 室内消火栓栓口动压大于（　　）MPa 时，必须设置减压装置。
A. 0.70　　B. 0.30　　C. 0.35　　D. 0.50

47. 某单位拟新建一座石油库，下列对该石油库的规划布局方案中，不符合消防安全布局原则的是（　　）。
A. 储罐区布置在本单位地势较低处
B. 储罐区泡沫站布置在罐组防火堤外的非防爆区
C. 铁路装卸区布置在地势高于石油库的边缘地带
D. 行政管理区布置在本单位全年最小频率风向的上风侧

48. 下列消防救援入口设置的规范中，符合要求的是（　　）。

A. 一类高层办公楼外墙面，连续设置无间隔的广告屏幕

B. 救援入口净高和净宽均为 1.6 m

C. 每个防火分区设置 1 个救援入口

D. 多层医院顶层外墙面，连续设置无间隔的广告屏幕

49. 关于石油化工企业可燃气体放空管设置的说法，错误的是（　　）。

A. 连续排放的放空管口，应高出 20 m 范围内平台或建筑物顶 3.5 m 以上并满足相关规定

B. 间歇排放的放空管口，应高出 10 m 范围内平台或建筑物顶 3.5 m 以上并满足相关规定

C. 无法排入火炬或装置处理排放系统的可燃气体，可通过放空管向大气排放

D. 放空管管口不宜朝向邻近有人操作的设备

50. 一个防护区内设置 5 台预制七氟丙烷灭火装置，启动时其动作相应时差不得大于（　　）s。

A. 1　　B. 3　　C. 5　　D. 2

51. 某二级耐火等级的 3 层养老院，老人住宿床位数 80 张，总建筑面积 4 000 m^2，设置了室内外消火栓系统、自动喷水灭火系统、火灾自动报警系统等，下列关于该场所配置手提式灭火器的说法中，正确的是（　　）。

A. 单具灭火器的最低配置基准应为 3 A，最大保护距离应为 15 m

B. 单具灭火器的最低配置基准应为 5 A，最大保护距离应为 15 m

C. 单具灭火器的最低配置基准应为 3 A，最大保护距离应为 20 m

D. 单具灭火器的最低配置基准应为 5 A，最大保护距离应为 20 m

52. 发生火灾时，湿式喷水灭火系统的湿式报警阀由（　　）启动。

A. 火灾探测器　　B. 水流指示器

C. 闭式喷头　　D. 压力开关

53. 关于可燃气体探测报警系统设计的说法，符合规范要求的是（　　）。

A. 能将报警信号传输至消防控制室时，可燃气体报警控制器可安装在保护区域附近无人值班的场所

B. 可燃气体探测器可接入可燃气体报警控制器，也可直接接入火灾报警控制器的探测回路

C. 探测天然气的可燃气体探测器应安装在保护空间的下部

D. 液化石油气探测器可采用壁挂及吸顶安装方式

54. 关于建筑防烟分区的说法，正确的是（　　）。

A. 防烟分区面积一定时，挡烟垂壁下降越低越有利于烟气及时排除

B. 建筑设置敞开楼梯时，防烟分区可跨越防火分区

C. 防烟分区划分的越小越有利于控制烟气蔓延

D. 排烟与补风在同一防烟分区时，高位补风优于低位补风

55. 下列物质中，火灾分类属于A类火灾的是（　　）。

A. 石蜡　　B. 沥青　　C. 钾　　D. 棉布

56. 对于25层的住宅建筑，消防车登高操作场地的最小长度和宽度是（　　）。

A. 20 m，10 m　　B. 15 m，10 m

C. 15 m，15 m　　D. 10 m，10 m

57. 建筑保温材料内部传热的主要方式是（　　）。

A. 绝热　　B. 热传导　　C. 热对流　　D. 热辐射

58. 采用t^2火模型描述火灾发展过程时，装满书籍的厚布邮袋火灾是（　　）t^2火。

A. 超快速　　B. 中速　　C. 慢速　　D. 快速

59. 下列易燃固体中，燃点低、易燃烧并能释放出有毒气体的是（　　）。

A. 萘　　B. 赤磷　　C. 硫黄　　D. 镁粉

60. 某机组容量为350 MW的燃煤电厂的下列灭火系统设置中，不符合规范要求的是（　　）。

A. 汽轮机房电缆夹层采用自动喷水灭火系统

B. 封闭式运煤栈桥采用自动喷水灭火系统

C. 电子设备间采用气体灭火系统

D. 点火油罐区采用低倍数泡沫灭火系统

61. 下列关于生产和储存物品火灾危险性的叙述，错误的是（　　）。

A. 使用少量汽油等甲类溶剂（不足60 L）清洗零件的机械修配厂或修理车间（面积约20 000 m^3），该场所生产火灾危险性等级可按戊类确定

B. 一栋防火分区最大允许占地面积不限的戊类汽车总装厂房中，喷漆工段占总装厂房的面积比例不足10%，该厂房生产火灾危险性等级为戊类

C. 煤粉厂房在生产过程中，因粉尘能悬浮在空中与空气形成爆炸性混合物，遇火源则能爆炸起火，该厂房生产火灾危险性等级为甲类

D. 受热分解可燃固体火灾危险性评定标志是其分解温度

62. 某仓库储存有大量同一规格的陶瓷工艺品，为保证陶瓷工艺品的完好无损，该工艺品均采用木箱和气泡袋包装，包装后成品每箱重65 kg，其中木箱和气泡袋的重量为14.2 kg，包装后的体积为工艺品本身体积的1.2倍，则该仓库的火灾危险性为（　　）。

A. 乙类　　B. 丙类　　C. 丁类　　D. 戊类

63. 根据《建筑设计防火规范》（GB 50016）的规定，下列关于建筑分类叙述正确的是（　　）。

A. 建筑高度大于50 m的住宅建筑（包括设置商业服务网点的住宅建筑）属于一类高

层建筑

B. 建筑高度大于 40 m 的公共建筑为一类高层建筑

C. 建筑高度大于 27 m 的住宅建筑和其他建筑高度大于 24 m 的建筑为高层建筑

D. 按建筑高度分类，一般可分为单层、多层建筑和高层建筑两类

64. 某住宅建筑，建筑屋面为平屋面，建筑室外设计地面至建筑屋面面层的高度为 55.2 m，住宅建筑底部为室内高度 2.2 m 的储藏室，该住宅建筑的建筑分类应为（　　）。

A. 一类高层住宅建筑　　B. 二类高层住宅建筑

C. 一类高层公共建筑　　D. 一类高层公共建筑

65. 根据《建筑材料及制品燃烧性能分级》（GB 8624）的规定，建筑材料及制品性能等级标识 GB 8624 B_1（B–s1，d0，t1）中，d0 表示（　　）等级。

A. 烟气毒性　　B. 燃烧滴落物 / 微粒

C. 产烟特性　　D. 燃烧性能

66. 根据《建筑设计防火规范》（GB 50016）对不同耐火等级厂房和仓库建筑构件的燃烧性能和耐火极限的规定，二级建筑物楼板的耐火极限为（　　）h。

A. 0.5　　B. 1　　C. 1.5　　D. 2

67. 某酒精度为 46 度的中国传统白酒生产单层厂房，建筑为一级耐火等级，设置自动灭火系统，则其防火分区最大面积为（　　）m^2。

A. 2 000　　B. 4 000　　C. 6 000　　D. 8 000

68. 某电信公司营业厅设置在一级耐火等级的高层建筑的首层，并设有自动报警系统、自动喷水灭火系统，采用难燃装修材料。根据《建筑设计防火规范》（GB 50016）的规定，其每个防火分区最大的允许建筑面积为（　　）m^2。

A. 5 000　　B. 4 000　　C. 3 000　　D. 2 500

69. 下列关于防火分隔构件的叙述，错误的是（　　）。

A. 采用水平、侧向防火卷帘时，应具有火灾时自动关闭功能

B. 防火墙上不应开设门、窗、洞口，确需开设时，应设置不可开启或火灾时能自动关闭的甲级防火门、窗

C. 排烟防火阀是安装在排烟系统管道上起隔烟、阻火作用的阀门，当管道内的烟气达到 280℃时自动关闭

D. 疏散通道上的防火门应向疏散方向开启，并在关闭后应能从一侧手动开启

70. 供暖管道不应穿过存在与供暖管道接触能引起燃烧或爆炸的气体、蒸气或粉尘的房间，确需穿过时，应采用（　　）材料隔热。

A. 不燃　　B. 难燃

C. 可燃　　D. 易燃

71. 以下几类常见的用于建筑外墙保温材料，从燃烧性能的角度看，通常认定为难燃

材料的是（　　）。

A. 以矿棉和岩棉为代表的无机保温材料

B. 以胶粉聚苯颗粒保温浆料为代表的有机—无机复合型保温材料

C. 以聚苯乙烯泡沫塑料为代表的有机保温材料

D. 以硬泡聚氨酯和改性酚醛树脂为代表的有机保温材料

72. 某 8 层办公楼，其中五层设置 1 个设计绘图室（300 m^2）、1 个有会议桌的小型会议室（18 m^2）、1 个无会议桌的中型会议室（36 m^2）及接待室、公用厕所、开水间等（共 300 m^2）。该建筑第五层每百人疏散净宽度为（　　）m。

A. 0.65　　B. 0.75　　C. 1.00　　D. 1.25

73. 从用电设备防火安全考虑，下列关于照明灯具设置要求，不正确的说法是（　　）。

A. 插座不宜和照明灯接在同一分支回路上

B. 可燃吊顶上所有暗装和明装灯具、舞台暗装彩灯、舞池脚灯的电源导线，均应穿钢管敷设

C. 照明与动力合用一电源时，如接在同一分支回路上，所有照明线路均应有短路保护装置

D. 在金属容器内及特别潮湿场所内作业，行灯电压不得超过 12 V

74. 某赛璐珞厂房，建筑高度为 6 m，周围有一电焊车间，经常火花四射。根据《建筑设计防火规范》（GB 50016）的规定，该厂房与电焊车间的防火间距不应小于（　　）。

A. 10 m　　B. 20 m　　C. 30 m　　D. 50 m

75. 根据《建筑设计防火规范》（GB 50016）的规定，老年人建筑及儿童活动场所设置在一、二级耐火等级的建筑内时，应设置在该建筑物的（　　）。

A. 首层　　B. 首层或二层

C. 首层或二、三层　　D. 四层（含本数）以下

76. 某建筑高度为 85 m 的综合楼，按规范进行消防设计，则其楼板的耐火极限不应低于（　　）。

A. 1.00　　B. 1.50　　C. 2.00　　D. 2.50

77. 某住宅高度 45 m，其防烟楼梯间独立前室面积不应小于（　　）m^2。

A. 4.5　　B. 6　　C. 10　　D. 12

78. 某剧院阶梯观众厅的允许疏散时间为 2.5 min，单股人流宽度 0.6 m，已知平、坡地面每分钟每股人流通过人数为 43 人 /min，阶梯地面每分钟每股人流通过人数为 37 人 /min，那么其百人所需疏散宽度为（　　）m。

A. 0.55　　B. 0.60　　C. 0.65　　D. 0.70

79. 根据《建筑设计防火规范》（GB 50016）的规定，下列场所中，每个防火分区可设置一个人员安全出口的是（　　）。

A. 每层建筑面积为 90 m^2 的甲类厂房，同一时间的生产人数为 7 人

B. 设置在单层建筑内的建筑面积为 180 m^2 且人数为 40 人的托儿所

C. 停车数量为 40 辆的汽车库

D. 建筑面积为 200 m^2 的地下仓库

80. 在进行有爆炸危险环境照明装置的选型时，对于在正常运行时不可能出现或即使出现也仅是短时间存在的爆炸性气体混合物的场所，应采用（　　）灯具。

A. 隔爆型　　B. 开启型　　C. 密闭型　　D. 封闭型

二、多项选择题（共 20 题，每题 2 分。每题的备选项中，有 2 个或 2 个以上符合题意，至少有 1 个错项。错选，本题不得分；少选，所选的每个选项得 0.5 分）

81. 下列关于电气防爆基本措施的叙述中，正确的是（　　）。

A. 在满足工艺生产及安全的前提下，应减少防爆电气设备的数量。如无特殊需要，不宜采用携带式电气设备

B. 散发较空气重的可燃气体、可燃蒸气的甲类厂房以及有粉尘、纤维爆炸危险的乙类厂房，应采用安装静电消除装置的地面

C. 按有关电力设备接地设计技术规程规定一般情况下不需要接地的部分，在爆炸危险区域内仍应接地，电气设备的金属外壳应可靠接地

D. 设置漏电火灾报警和紧急断电装置，在电气设备可能出现故障之前，采取相应补救措施或自动切断爆炸危险区域电源

E. 宜将正常运行时产生火花、电弧和危险温度的电气设备和线路，布置在爆炸危险性较小或者没有爆炸危险的环境内

82. 下列关于消防车道、灭火救援窗等灭火救援设施的设置要求，说法正确的是（　　）。

A. 尽头式车道应根据消防车辆的回转需要设置回车道或回车场，且回车场的面积不应小于 12 m × 12 m

B. 厂房的外墙应每层设置可供消防救援人员进入的窗口，其下沿距室内地面不宜大于 1.2 m

C. 对于一些使用功能多、面积大、建筑长度长的建筑，如 L 形、U 形、口形建筑，当其沿街长度超过 150 m，或总长度大于 200 m 时，应在适当位置设置穿过建筑物的消防车道

D. 车道转弯处应考虑消防车的最小转弯半径，以便于消防车顺利通行

E. 建筑物与消防车登高操作场地相对应的范围内，应设置直通室外的楼梯或直通楼梯间的入口，方便救援人员快速进入建筑展开灭火和救援。

83. 根据《建筑设计防火规范》（GB 50016）的规定，需要设置消防电梯的场所是（　　）。

A. 建筑高度 33 m 的综合楼

B. 建筑高度 32 m 的住宅

C. 建筑高度51 m的公共建筑

D. 埋深11.5 m且总建筑面积4 000 m^2的地下室，地上建筑有消防电梯

E. 建筑高度35 m的高层塔架，已设置电梯，且任一层工作平台人数不超过5人

84. 根据建筑（区域）风险评估指标的处理方式，风险评估可以分为（　　）。

A. 定性评估　　B. 定量评估

C. 半定性评估　　D. 半定量评估

E. 综合评估

85. 在运用事件树分析法进行火灾风险评估的过程中，事件树的编制程序一般包括确定初始事件、（　　）和简化事件树几个步骤。

A. 推演中间事件　　B. 建立风险关联

C. 实施定性分析　　D. 判定安全功能

E. 绘制事件树

86. 关于消防水泵接合器设置要求的表述中，符合规范要求的有（　　）。

A. 当建筑高度超过消防车供水高度时，消防给水应在设备层等方便操作的地点设置手抬泵或移动泵接力供水的吸水和加压接口

B. 水泵接合器距室外消火栓或消防水池的距离不宜小于15 m，并不宜大于40 m

C. 墙壁消防水泵接合器的安装高度距地面宜为1.3 ~ 1.5 m

D. 临时高压消防给水系统向多栋建筑供水时，消防水泵接合器应在每座建筑就近设置

E. 墙壁消防水泵接合器不应安装在玻璃幕墙下方

87. 下列关于气体灭火系统防护区设置要求的表述中，正确的是（　　）。

A. 防护区宜以单个封闭空间划分

B. 同一区间的吊顶层和地板下需同时保护时，可合为一个防护区

C. 采用管网灭火系统时，一个防护区的面积不宜大于500 m^2，且容积不宜大于1 600 m^3

D. 采用预制灭火系统时，一个防护区的面积不宜大于800 m^2，且容积不宜大于3 600 m^3

E. 防护区应根据封闭空间的结构特点和位置来划分

88. 下列关于消防水泵启动装置及动力装置的表述中，正确的是（　　）。

A. 消火栓按钮应能直接启动消防水泵

B. 稳压泵应由消防给水管网或气压水罐上设置的稳压泵自动启停泵压力开关或压力变送器控制

C. 消防水泵控制柜在平时应使消防水泵处于自动启泵状态

D. 消防水泵控制柜应设置机械应急启泵功能

E. 消防水泵机械应急启动时，应确保消防水泵在报警后2.0 min内正常工作

89. 下列属于火灾风险评估基本流程的是（　　）。

A. 前期准备　　B. 火灾危险源识别

C. 风险预测
D. 编制火灾风险评估报告
E. 定性、定量评估

90. 关于自动控制的水幕系统的联动控制设计的说法，符合规范要求的有（　　）。

A. 自动控制的水幕系统用于防火卷帘的保护时，由防火卷帘下落到楼地面的动作信号与本报警区域内任一火灾探测器或手动火灾报警按钮的报警信号（“与”逻辑）作为水幕阀组启动的联动触发信号

B. 自动控制的水幕系统用于防火卷帘的保护时，由该报警区域内任意两只感温火灾探测器的火灾报警信号（“与”逻辑）作为水幕阀组启动的联动触发信号

C. 仅用水幕系统作为防火分隔时，由该报警区域内任意两只感烟火灾探测器的火灾报警信号（“与”逻辑）作为水幕阀组启动的联动触发信号

D. 仅用水幕系统作为防火分隔时，由任一火灾探测器或手动火灾报警按钮的报警信号（“与”逻辑）作为水幕阀组启动的联动触发信号

E. 仅用水幕系统作为防火分隔时，由该报警区域内两只独立的感温火灾探测器的火灾报警信号（“与”逻辑）作为水幕阀组启动的联动触发信号

91. 预制二氧化碳灭火系统的控制方式有（　　）。
A. 紧急停止
B. 自动控制启动
C. 手动控制启动
D. 温控启动
E. 机械应急操作启动

92. 下列可以选用液下喷射泡沫灭火系统的是（　　）。
A. 沸水溶性液体固定顶储罐
B. 水溶性甲、乙、丙类液体的固定顶储罐
C. 外浮顶储罐
D. 内浮顶储罐
E. 油罐中倍数泡沫灭火系统

93. 汽车库、修车库的每个防火分区内，其人员安全出口不应少于2个，但（　　）可设1个。
A. Ⅱ类修车库
B. Ⅲ类汽车库
C. Ⅲ类修车库
D. Ⅳ类汽车库
E. Ⅳ类修车库

94. 地下汽车库不应设置（　　）。
A. 修理车位
B. 喷漆间
C. 充电间
D. 乙炔间
E. 消防泵房

95. 人防工程内不应设置（　　）。
A. 哺乳室
B. 幼儿园

C. 托儿所
D. 残疾人员活动的场所
E. 歌舞厅

96. 在城市建成区不宜建（　　）。
A. 一级加油站
B. 一级液化石油气加气站
C. 二级液化石油气加气站
D. 一级加油加气合建站
E. 二级加油加气合建站

97. 下列储存物品的火灾危险性类别属于乙类的是（　　）。
A. 氧气
B. 氢气
C. 氨气
D. 氮气
E. 水煤气

98. 根据《建筑设计防火规范》(GB 50016) 的规定，(　　) 属于高层民用建筑。
A. 建筑高度为 24 m 的 6 层门诊楼
B. 建筑高度为 54 m 共 16 层的医院住院部
C. 建筑高度为 20 m 的办公楼
D. 建筑高度为 48 m 且 24 m 以上部分任一楼层建筑面积大于 1 000 m^2 的商业建筑
E. 建筑高度为 25 m 的 5 层商业建筑，每层建筑面积为 10 000 m^2

99. 根据《石油化工企业设计防火规范》(GB 50160) 的规定，应设置在城市（区域）的边缘或相对独立的安全地带，并宜设置在城市（区域）全年最小频率风向的上风侧的是（　　）。
A. 乙类液体储罐区
B. 液化石油气储罐区
C. 空分站
D. 可燃气体储罐区
E. 消防站

100. 火灾风险评估中，下列属于常用的系统安全评估方法的是（　　）。
A. 场景模拟法
B. 事故树分析法
C. 事件树分析法
D. 安全检查表法
E. 预先危险性分析法

消防安全技术实务
模拟测试（三）

一、单项选择题（共 80 题，每题 1 分。每题的备选项中，只有 1 个最符合题意）

1. 下列关于火灾探测器的选择中，错误的是（　　）。

A. 房间高度为 15 m 的房间可以选用点型感烟火灾探测器

B. 温度在 0℃以下的场所，不宜选择点型定温探测器

C. 气流速度为 3 m/s 的场所选择点型感烟火灾探测器

D. 无遮挡的大空间或有特殊要求的房间，宜选择线型光束感烟火灾探测器

2. 下列关于火灾探测器设置的说法中，错误的是（　　）。

A. 点型探测器至墙壁的水平距离不应小于 0.5 m

B. 点型探测器周围 1 m 范围内，不应有遮挡物

C. 点型感温火灾探测器的安装间距不应超过 10 m

D. 点型感烟火灾探测器的安装间距不应超过 15 m

3. 下列关于消防联动控制设计的表述中，错误的是（　　）。

A. 预作用系统应由同一报警区域内两只及以上独立的感烟火灾探测器或一只感烟火灾探测器与一只手动火灾报警按钮的报警信号，作为预作用阀组开启的联动触发信号

B. 雨淋系统应由同一报警区域内两只及以上独立的感烟火灾探测器或一只感烟火灾探测器与一只手动火灾报警按钮的报警信号，作为雨淋阀组开启的联动触发信号

C. 湿式系统和干式系统的联动控制设计中，压力开关的动作信号作为触发信号，直接连锁控制消防泵控制箱（柜）启动喷淋消防泵，系统的连锁启动不应受消防联动控制器处于自动或手动状态影响

D. 水幕系统用于防火卷帘的保护时，应由防火卷帘下落到楼板面的动作信号与本报警区域内任一火灾探测器或手动火灾报警按钮的报警信号作为水幕阀组启动的联动触发信号，消防联动控制器在接收到满足逻辑关系的联动触发，联动控制水幕系统相关控制阀组的启动

4. 某工业厂房设置了干粉灭火装置，下列关于该装置设置要求的说法中正确的是（　　）。

A. 喷放干粉时不能自动关闭的防护区开口，其总面积不应大于该防护区总内表面积

的 15%，且开口不应设在底面

B. 喷放干粉时不能自动关闭的防护区开口，其总面积不应大于该防护区总内表面积的 30%，且开口不应设在底面

C. 喷放干粉时不能自动关闭的防护区开口，其总面积不应大于该防护区总内表面积的 15%，且开口应设在底面

D. 喷放干粉时不能自动关闭的防护区开口，其总面积不应大于该防护区总内表面积的 30%，且开口应设在底面

5. 下列关于自动喷水灭火系统的说法中，错误的是（　　）。

A. 湿式系统适合在温度不低于 4℃且不高于 70℃的环境中使用

B. 当雨淋系统处于准工作状态时，由消防水箱或稳压泵、气压给水设备等稳压设施维持雨淋阀入口前管道内的充水压力

C. 雨淋系统的喷水范围由雨淋阀控制，在系统启动后立即大面积喷水

D. 水幕系统应能有配套的火灾自动报警系统或传动管控制并启动水幕系统

6. 下列火灾中，可以采用 IG-541 混合气体灭火剂扑救的是（　　）。

A. 硝化纤维、硝酸钠火灾　　B. 过氧化氢火灾

C. 固体表面火灾　　D. 固体深位火灾

7. 某大型银行的计算机中心设置了组合分配式 IG-541 气体灭火系统。下列关于该系统设计的说法中，错误的是（　　）。

A. 灭火设计浓度不应小于灭火浓度的 1.7 倍

B. 灭火浸渍时间宜采用 10 min

C. 气体喷放至设计用量的 95% 时，其喷放时间不应大于 60 s 且不应小于 48 s

D. 惰化设计浓度不应小于灭火浓度的 1.1 倍

8. 当高层建筑最低消火栓栓口处的静水压力大于（　　）MPa，或系统工作压力大于（　　）MPa 时，应采取分区消防给水方式。

A. 0.5，1.2　　B. 0.5，2.4　　C. 1，1.2　　D. 1，2.4

9. 下列关于消防联动控制设计的表述中，错误的是（　　）。

A. 消防联动控制器应具有切断火灾区域及相关区域的非消防电源的功能

B. 当需要切断正常照明时，宜在自动喷淋系统、消火栓系统动作前切断

C. 火灾时可立即切断的非消防电源有自动扶梯、空调用电、厨房设施、安全防范系统设施等

D. 消防联动控制器应具有自动打开涉及疏散的电动栅杆等功能

10. 下列关于储罐区和工艺装置区室外消火栓的说法中，错误的是（　　）。

A. 当工艺装置区宽度大于 120 m 时，宜在该装置区内的路边设置室外消火栓

B. 当工艺装置的面积较大，室外消火栓的充实水柱无法完全覆盖时，宜在适当部位设置室外固定消防炮

C. 当工艺装置采用高压消防给水系统时，其室外消火栓处宜配置消防水带和消防水枪

D. 工艺装置区的室内消火栓应设置在工艺装置周围

11. 下列关于水喷雾灭火系统水雾喷头布置要求的说法中，错误的是（　　）。

A. 水雾喷头的布置应使水雾直接喷射和完全覆盖保护对象

B. 水雾喷头与保护对象之间的距离不得大于水雾喷头的有效射程

C. 水雾喷头的平面布置方式必须是矩形

D. 按矩形布置时，水雾喷头之间的距离不应大于水雾喷头水雾锥底圆半径的 1.4 倍

12. 下列关于电气火灾监控系统设计的说法中，不符合规范要求的是（　　）。

A. 保护对象为 1 000 V 以上的供电线路，测温式电气火灾监控探测器宜采用接触式设置

B. 光栅光纤测温式电气火灾监控探测器应当直接设置在保护对象的表面

C. 设有火灾自动报警系统时，独立式电气火灾监控探测器的报警信息和故障信息应在消防控制室图形显示装置或集中火灾报警控制器上显示，但该类信息与火灾报警信息的显示应有所区别

D. 未设火灾自动报警系统时，独立式电气火灾监控探测器应将报警信号传至有人员值班的场所

13. 某建筑面积为 1 500 m^2 的营业厅，层高为 6 m，设置了格栅吊顶，吊顶距离楼地面 5 m，镂空面积与吊顶的总面积之比为 35%。该营业厅内感烟火灾探测器应设置的位置是（　　）。

A. 吊顶上方　　B. 吊顶上方和下方

C. 吊顶下方　　D. 根据实际实验结果确定

14. 消防控制室内设备面盘前的操作距离，单列布置时不应小于（　　）m，面盘后的维修距离不宜小于（　　）m。

A. 1.5，1　　B. 0.5，1　　C. 1，1.5　　D. 2，3

15. 某地下百货商场，总建筑面积为 800 m^2，室内净高为 4.8 m，所设置的自动喷水灭火系统的设计参数应按火灾危险等级不低于（　　）确定。

A. 中危险Ⅱ级　　B. 严重危险Ⅱ级

C. 严重危险Ⅰ级　　D. 中危险Ⅰ级

16. 下列火灾中，不适合采用细水雾进行灭火的是（　　）。

A. 纸张火灾　　B. 汽油火灾

C. 变压器火灾　　D. 液化天然气火灾

17. 下列关于城市消防远程监控系统设计的说法中，错误的是（　　）。

A. 监控中心能同时接收和处理不少于 3 个联网用户的火灾报警信息

B. 从用户信息传输装置获取火灾报警信息到监控中心接收显示的响应时间不大于 20 s

C. 监控中心向城市消防通信指挥中心或其他接处警中心转发经确认的火灾报警信息的时间不大于 3 s

D. 监控中心的火灾报警信息、建筑消防设施运行状态信息等记录应备份，其保存周期不少于 3 年

18. 下列场所中，消防用电应按一级负荷供电的是（　　）。

A. 3 200 个座位的体育馆　　B. 1 600 个座位的电影院

C. 省级广播电视塔　　D. 大型物资仓库

19. 下列关于消防水泵管路布置要求的说法中，错误的是（　　）。

A. 一组消防水泵的吸水管不应少于 2 条

B. 消防水泵的吸水管穿越消防水池时，应采用刚性防水套管

C. 消防水泵出水管压力表的最大量程不应低于其设计工作压力的 2 倍，且不应低于 1.6 MPa

D. 消防水泵吸水管变径连接时，应采用偏心异径管件并应采用管顶平接

20. 下列建筑中的消防应急照明备用电源的连续供电时间按 60 min 设置，其中不符合规范要求的是（　　）。

A. 建筑高度为 23 m 的医疗建筑

B. 住宿床位为 80 张的养老院

C. 建筑高度大于 100 m 的民用建筑

D. 总建筑面积大于 20 000 m^2 的地下商场

21. 下列关于稳压泵的说法中，错误的是（　　）。

A. 稳压泵的设计压力应保持系统自动启泵压力设置点处的压力在准工作状态时大于设置自动启泵的压力，且增加值宜为 0.07 ~ 0.10 MPa

B. 稳压泵的设计压力应保持系统最不利点处水灭火设施在准工作状态时的静水压力大于 0.15 MPa

C. 消防给水系统稳压泵的设计流量不应大于消防给水系统管网的正常泄漏量和系统自动启动流量

D. 消防给水系统所采用报警阀压力开关等自动启动流量应根据产品确定

22. 某高层商务楼，下列关于消防设备配电装置的做法中，不能满足消防设备供电要求的是（　　）。

A. 由自备发电机组提供备用电源时，消防用电负荷要设置自动和手动启动装置，并在 30 s 内供电

B. 消防水泵、喷淋水泵要由变配电站或主配电室直接出线

C. 消防水泵不能采用变频调速器作为控制装置

D. 主消防泵为电动机水泵，备用消防泵为柴油机水泵时，主消防泵必须采用两路电源供电

23. 某 KTV 建筑面积为 350 m^2，其内部配置手提式灭火器时，灭火器的最大保护距离为（　　）m。

A. 15　　B. 20　　C. 25　　D. 30

24. 下列关于消防水池设置要求的表述中，错误的是（　　）。

A. 消防水池的总蓄水有效容积大于 1 000 m^3 时，宜设两格能独立使用的消防水池

B. 消防水池应设置就地水位显示装置，并应在消防控制中心或值班室等地点设置显示消防水池水位的装置，同时应有最高和最低报警水位

C. 供消防车取水的消防水池，应设供消防车取水的取水口或取水井，吸水高度不应大于 6 m

D. 消防水池的出水管上应设置溢流水管和排水设施，并采用间接排水

25. 下列关于细水喷雾灭火系统设计的说法中，错误的是（　　）。

A. 细水雾喷头的最低设计压力不应小于 1.20 MPa

B. 开式细水雾系统的设计响应时间不应大于 30 s

C. 采用全淹没应用方式的瓶组式系统，当同一防护区内采用多组瓶组时，各瓶组必须能同时启动，其动作响应时差不应大于 2 s

D. 电子信息机房的细水雾系统设计喷雾时间为 20 min

26. 某液化石油气球罐，容积为 1 100 m^3，设置水喷雾灭火系统进行防护，下列说法错误的是（　　）。

A. 水雾喷头的喷口应面向球心

B. 水雾喷头沿球罐纬线方向应相交，沿经线方向应相接

C. 赤道以上环管之间的距离不应小于 3.6 m

D. 无防护层的球罐钢支柱应设水雾喷头进行防护

27. 下列工业建筑的场所内或部位中，应设置排烟设施的是（　　）。

A. 丙类厂房中建筑面积为 200 m^2 且可燃物较多的地上房间

B. 占地面积 800 m^2 的丙类仓库

C. 建筑面积 200 m^2 的人员、可燃物较多的丙类生产场所

D. 建筑面积 3 000 m^2 的丁类生产车间

28. 下列气体灭火系统分类中，按应用方式进行分类的是（　　）。

A. 二氧化碳灭火系统、七氟丙烷灭火系统和惰性气体灭火系统

B. 管网灭火系统和无管网灭火系统

C. 全淹没灭火系统和局部应用灭火系统

D. 自压式气体灭火系统、内储压式气体灭火系统和外储压式气体灭火系统

29. 下列关于机械加压送风系统的选择，正确的是（　　）。

A. 高层建筑的防烟楼梯间、消防电梯前室不应采用机械加压送风方式的防烟系统

B. 建筑高度大于 100 m 的高层建筑，其送风系统应竖向分段设计，且每段高度不应超

过 50 m

C. 人防工程的防烟楼梯间及其前室应设置机械加压送风防烟设施

D. 防烟楼梯间采用机械加压送风方式的防烟系统时，楼梯间和独立前室均应设机械加压送风设施

30. 某二级耐火等级的 3 层养老院，老人住宿床位数 80 张，总建筑面积 4 000 m^2，设置了室内外消火栓系统、自动喷水灭火系统、火灾自动报警系统等，下列关于该场所配置手提式灭火器的说法中，正确的是（　　）。

A. 单具灭火器的最低配置基准应为 3 A，最大保护距离应为 15 m

B. 单具灭火器的最低配置基准应为 5 A，最大保护距离应为 15 m

C. 单具灭火器的最低配置基准应为 3 A，最大保护距离应为 20 m

D. 单具灭火器的最低配置基准应为 5 A，最大保护距离应为 20 m

31. 消防控制室图形显示装置与火灾报警控制器、电气火灾监控器、消防联动控制器和（　　）应采用专用线路连接。

A. 区域显示器　　B. 消防应急广播扬声器

C. 可燃气体报警控制器　　D. 火灾警报器

32. 某建筑面积为 2 000 m^2 的展厅，层高为 7 m，设置了格栅吊顶，吊顶距离楼地面 6 m，镂空面积与吊顶的总面积之比为 10%。该展厅内感烟火灾探测器应设置的位置是（　　）。

A. 吊顶上方　　B. 吊顶上方和下方

C. 吊顶下方　　D. 根据实际实验结果确定

33. 某建筑高度为 128 m 的民用建筑内设置的火灾自动报警系统，需要配备总数为 1 600 点的联动控制模块，故应至少选择（　　）台消防联动控制器或联动型火灾报警控制器。

A. 1　　B. 3　　C. 2　　D. 4

34. 某总建筑面积为 5 200 m^2 的百货商场，其营业厅的室内净高为 5.8 m，所设置的自动喷水灭火系统的设计参数应按火灾危险等级不低于（　　）确定。

A. 中危险Ⅱ级　　B. 严重危险Ⅱ级

C. 严重危险Ⅰ级　　D. 中危险Ⅰ级

35. 下列火灾中，不适合采用水喷雾进行灭火的是（　　）。

A. 樟脑油火灾　　B. 人造板火灾　　C. 电缆火灾　　D. 豆油火灾

36. 城市消防远程监控系统由用户信息传输装置、报警传输网络、监控中心和（　　）等部分组成。

A. 用户服务系统　　B. 火警信息终端

C. 报警受理系统　　D. 远程查岗系统

37. 某建筑面积为 70 000 m^2，建筑高度为 80 m 的办公建筑，下列供电电源中，不能满足该建筑消防用电设备供电要求的是（　　）。

A. 由城市一个区域变电站引来两路电源，并且每根电缆均能承受 100% 的负荷

B. 由城市不同的两个区域变电站引来两路电源

C. 由城市两个不同的发电厂引来两路电源

D. 由城市一个区域变电站引来一路电源，同时设置一台自备发电机组

38. 下列关于建筑室内消火栓设置的说法中，错误的是（　　）。

A. 消防电梯前室应设置室内消火栓，并应计入消火栓使用数量

B. 设置室内消火栓的建筑，超过 2.2 m 的设备层宜设置室内消火栓

C. 冷库的室内消火栓应设置在常温穿堂或楼梯间内

D. 屋顶设置直升机停机坪的建筑，应在停机坪出入口处设置消火栓

39. 下列建筑中的消防应急照明备用电源的连续供电时间按 60 min 设置，其中不符合规范要求的是（　　）。

A. 医疗建筑、老年人建筑

B. 总建筑面积大于 100 000 m^2 的商业建筑

C. 建筑高度大于 100 m 的住宅建筑

D. 总建筑面积大于 20 000 m^2 的地下汽车库

40. 对于可能散发相对密度为 1 的可燃气体的场所，可燃气体探测器应设置在该场所室内空间的（　　）。

A. 中间高度位置　　　　B. 中间高度位置或顶部

C. 下部　　　　D. 中间高度位置或下部

41. 某 2 层地上商店建筑，每层建筑面积为 6 000 m^2，所设置的自动喷水灭火系统应至少设置（　　）个水流指示器。

A. 2　　B. 3　　C. 4　　D. 5

42. 某高层宾馆，下列关于消防设备配电装置的做法中，不能满足消防设备供电要求的是（　　）。

A. 引至消防泵的两路电源在泵房内末端自动切换

B. 消防负荷的配电线路设置短路动作保护装置

C. 消防负荷的配电线路设置过负荷和过、欠电压保护装置

D. 消防负荷的配电线路未设置剩余电流保护装置

43. 与其他手提式灭火器相比，手提式二氧化碳灭火器的结构特点是（　　）。

A. 取消了压力表，增加虹吸管　　　　B. 取消了安全阀，增加了虹吸管

C. 取消了安全阀，增加了压力表　　　　D. 取消了压力表，增加了安全阀

44. 对某石油库进行火灾风险评估，辨识火灾危险源时，下列因素中，应确定为第一

类危险源的是（　　）。

A. 雷电　　B. 油罐呼吸阀故障

C. 操作人员在卸油时打手机　　D. 2 000 m^3 的柴油罐

45. 下列关于细水喷雾灭火系统联动控制的做法中，错误的是（　　）。

A. 开式系统在接收到两个不同类型的火灾报警信号后自动启动

B. 开式系统在接收到两个独立回路中相同类型的两个火灾报警信号后自动启动

C. 闭式系统在喷头动作后，由压力开关直接联锁自动启动

D. 闭式系统在喷头动作后，由分区控制阀启闭信号自动启动

46. 下列关于采用传动管启动水喷雾灭火系统的做法中，错误的是（　　）。

A. 雨淋报警阀组通过电动开启　　B. 系统利用闭式喷头探测火灾

C. 雨淋报警阀组通过气动开启　　D. 雨淋报警阀组通过液动开启

47. 下列建筑中，当其楼梯间的前室或合用前室采用敞开阳台时，楼梯间可不设置防烟系统的是（　　）。

A. 建筑高度为 68 m 的旅馆建筑　　B. 建筑高度为 52 m 的生产建筑

C. 建筑高度为 81 m 的住宅建筑　　D. 建筑高度为 52 m 的办公建筑

48. 某长度为 1 400 m 的单洞单向城市交通隧道，顶棚悬挂有若干射流风机，该隧道的排烟方式属于（　　）方式。

A. 纵向排烟　　B. 重点排烟　　C. 横向排烟　　D. 半横向排烟

49. 下列气体灭火系统分类中，按系统的结构特点进行分类的是（　　）。

A. 二氧化碳灭火系统、七氟丙烷灭火系统、惰性气体灭火系统

B. 管网灭火系统和无管网灭火系统

C. 全淹没灭火系统和局部应用灭火系统

D. 自压式气体灭火系统、内储压式气体灭火系统和外储压式气体灭火系统

50. 某藏书 60 万册的图书馆，其条形疏散走道宽度为 2.1 m，长度为 51 m。该走道顶棚上至少应设置（　　）只点型感烟火灾探测器。

A. 2　　B. 3　　C. 5　　D. 4

51. 下列多层厂房中，设置机械加压送风系统的封闭楼梯间应采用乙级防火门的是（　　）。

A. 服装加工厂房　　B. 机械修理厂

C. 汽车厂总装厂房　　D. 金属冶炼厂房

52. 某石油库储罐区共有 14 个储存原油的外浮顶储罐，单罐容量均为 100 000 m^3，该储罐区应选用的泡沫灭火系统是（　　）。

A. 液上喷射中倍数泡沫灭火系统　　B. 液下喷射低倍数泡沫灭火系统

C. 液上喷射低倍数泡沫灭火系统　　D. 液下喷射中倍数泡沫灭火系统

53. 在低倍数泡沫灭火系统中，泡沫从储罐底部注入，并通过软管浮升到燃烧液体表面进行喷放的灭火系统是（　　）。

A. 固定式系统　　B. 半固定式系统

C. 液下喷射系统　　D. 半液下喷射系统

54. 某设置 110 个停车位的室内无车道且无人员停留的机械式地下汽车库，下列自动灭火系统中不适用于该车库的是（　　）。

A. 湿式自动喷水灭火系统　　B. 二氧化碳灭火系统

C. 泡沫—水喷雾灭火系统　　D. 高倍数泡沫灭火系统

55. 某储存丙类液体的储罐区共有 6 座单座容积为 1 000 m^3 的地上固定顶罐，分两排布置，每排三座，设置水喷雾灭火系统进行防护冷却。在计算该储罐区的消防冷却用水量时，最终考虑同时冷却（　　）座储罐。

A. 2　　B. 4　　C. 3　　D. 5

56. 下列建筑中，允许不设置消防电梯的是（　　）。

A. 埋深为 10 m，总建筑面积为 10 000 m^2 的地下商场

B. 建筑高度为 27 m 的病房楼

C. 建筑高度为 48 m 的办公建筑

D. 建筑高度为 45 m 的住宅建筑

57. 下列关于防烟分区划分的说法中，错误的是（　　）。

A. 防烟分区可采用防火隔墙划分

B. 设置防烟系统的场所应划分防烟分区

C. 一个防火分区可划分为多个防烟分区

D. 防烟分区可采用在楼板下凸出 0.8 m 的结构梁划分

58. 下列关于火灾自动报警系统组件设置的做法中，错误的是（　　）。

A. 壁挂手动火灾报警按钮的底边距离楼地面 1.4 m

B. 壁挂紧急广播扬声器的底边距离楼地面 2.2 m

C. 壁挂消防联动控制器的主显示屏的底边距离楼地面 1.5 m

D. 墙上安装的消防专用电话插孔的底边距离楼地面 1.3 m

59. 建筑高度为 48 m 的 16 层住宅建筑，一梯 3 户，每户建筑面积为 120 m^2，每单元设置一座防烟楼梯间，一部消防电梯和一部客梯。该建筑每个单元需设置的室内消火栓总数不应少于（　　）个。

A. 16　　B. 8　　C. 32　　D. 48

60. 下列情形中，有利于发生火灾时缩短人员疏散时间的是（　　）。

A. 正常照明转换为应急照明

B. 背景音乐转为火灾应急广播

C. 疏散通道上的防火卷帘落下

D. 自动喷水灭火系统喷头启动洒水

61. 某高层办公楼，建筑高度为 32 m，内走廊为“一”字形，设置两座防烟楼梯间，其前室入口的中心线间距为 15 m，走廊两端的袋形走道长度为 3 m，走廊两侧房间进深均为 6 m，该办公楼每层设置的室内消防栓竖管数量不应少于（　　）支。

A. 1　　B. 2　　C. 3　　D. 4

62. 某单位的汽车喷漆车间采用二氧化碳灭火系统保护，下列关于二氧化碳灭火系统灭火机理的说法中，正确的是（　　）。

A. 窒息和隔离　　B. 窒息和吸热冷却

C. 窒息和乳化　　D. 窒息和化学抑制

63. 某新建的汽车加油加气合建站，设置消防设施时，下列说法中，错误的是（　　）。

A. LNG 储罐和加气站应设置可燃气体检测报警系统

B. 设置 2 台消防水泵时，可不设置备用消防水泵

C. 在加油站的罩棚下应设置事故照明

D. 可燃气体检测器一级报警值应设定为天然气爆炸下限的 30%

64. 某座 3 100 个座位的大剧院，地下车库采用预作用自动喷水灭火系统，演员化妆间等采用湿式自动喷水灭火系统，舞台葡萄架下采用雨淋系统，舞台口采用防护冷却水幕系统。该建筑的自动喷水灭火系统应选用（　　）种报警阀组。

A. 1　　B. 2　　C. 3　　D. 4

65. 某可燃物堆场，室外消火栓的设计流量为 55 L/s，室外消火栓选用 *DN*150 mm，其出水流量为 15 L/s。根据室外消火栓设计流量，该堆场的室外消火栓数量不应少于（　　）个。

A. 6　　B. 4　　C. 5　　D. 3

66. 某单层工业厂房建筑面积 1 000 m^2，室内最大净高为 8.0 m，屋面坡度为 2%，未设置吊顶。该建筑按中危险级Ⅱ级设置自动喷水灭火系统，应选择（　　）喷头。

A. 直立型　　B. 隐蔽型　　C. 吊顶型　　D. 边墙型

67. 某民政部门建设了 2 座供老年人居住和活动的建筑，建筑高度均为 12 m，建筑内部设置了自动喷水灭火系统和火灾自动报警系统。在进行内部装修时，建筑内疏散走道的顶棚装饰材料的燃烧性能等级应为（　　）级。

A. B_1　　B. B_2　　C. A　　D. B_3

68. 某建筑高度为 50 m 的宾馆，采用一路市政电源供电，柴油发电设备作为备用电源，建筑内部的排烟风机采用主备电源自动切换装置。下列关于主备电源自动切换装置说法不合理的是（　　）。

A. 自动切换装置设置在变电站内

B. 自动切换装置设置在排烟风机房的风机控制配电箱内

C. 主备电源自动切换时间为 20 s

D. 主备电源自动切换时间为 25 s

69. 对于可能散发可燃气体密度小于空气密度的场所，可燃气体探测器应设置在被保护空间（　　）。

A. 下部　　B. 中间部位

C. 中间部位或下部　　D. 顶部

70. 某座 10 层建筑，建筑高度为 36 m，1 ~ 5 层为住宅，6 ~ 10 层为办公用房。住宅部分与办公部分之间应采用耐火极限不低于（　　）h 的不燃性楼板和无任何开口的防火墙完全分隔。

A. 1.00　　B. 2.00　　C. 1.50　　D. 2.50

71. 某多功能建筑，建筑高度 54.8 m，2 座楼梯间分别位于“一”字形走廊的尽端，楼梯间形式和疏散宽度符合相关规范规定。地下一层建筑面积为 2 600 m^2，用途为餐厅、设备房；地上 14 层，建筑面积 24 000 m^2，用途为歌舞娱乐、宾馆、办公。该建筑按照规范要求设置建筑消防设施。下列关于该建筑房间疏散门的设置中，错误的是（　　）。

A. 九至十四层每层的会议室相邻两个疏散门最近的边缘之间的水平距离不小于 6 米

B. 位于地下一层的一个建筑面积为 50 m^2、使用人数为 10 人的小餐厅，设置 1 个向内开启的疏散门

C. 位于三层的一个建筑面积为 80 m^2、使用人数为 50 人的会议室，设置 2 个向内开启的疏散门

D. 位于一层的一个建筑面积为 60 m^2、使用人数为 16 人的录像厅，设置 1 个向外开启的疏散门

72. 某乙类可燃液体储罐设置固定液上喷射低倍数泡沫灭火器系统，当采用环泵式泡沫比例混合器时，泡沫液的投加点应在（　　）。

A. 消防水泵的出水管上　　B. 消防给水管道临近储罐上

C. 消防水泵的吸水管上　　D. 消防水泵房外的给水管道上

73. 水喷雾灭火系统的基本设计参数根据其防护目的和保护对象确定。水喷雾灭火系统用于液化石油气罐瓶间防护冷却目的时，系统的响应时间不应大于（　　）s。

A. 45　　B. 120　　C. 60　　D. 300

74. 某设置有中央空调送风系统的建筑，其火灾自动报警系统中的点型火灾探测器至空调送风口和多孔送风顶棚孔口边缘的水平距离，分别不应小于（　　）m。

A. 1.2，1.0　　B. 2.0，1.0　　C. 1.0，1.5　　D. 1.5，0.5

75. 用于保护 1 000 V 及以下的配电线路的电气火灾监控系统，其测温式电气火灾监控

探测器的布置方式应采用（　　）。

A. 非接触式　　B. 独立式　　C. 接触式　　D. 脱开式

76. 下列场所中，应在疏散走道和主要疏散路径的地面上增设能保持视觉连续的疏散指示标志的是（　　）。

A. 总建筑面积为 6 000 m^2 的展览厅　　B. 座位数为 1 200 个的剧场

C. 建筑面积为 500 m^2 的电子游艺厅　　D. 总建筑面积为 500 m^2 的地下超市

77. 建筑高度超过 100 m 的公共建筑应设置避难层。下列关于避难层的说法中，错误的是（　　）。

A. 第一个避难层的楼地面至灭火救援场地地面的高度不应大于 60 m

B. 封闭的避难层应设置独立的机械防烟系统

C. 通向避难层的疏散楼梯应使人员需经过避难层方能上下

D. 避难层可兼做设备层

78. 某多层民用建筑的第二层为舞厅，建筑面积 1 000 m^2，该场所设有室内消火栓系统、自动喷水灭火系统、火灾自动报警系统及防烟排烟系统，并按严重危险等级配置灭火器。若在该层设置 3 个灭火器设置点，每处设置干粉灭火器 2 具，则每具灭火器的灭火级别应为（　　）。

A. 2A　　B. 21B　　C. 3A　　D. 55B

79. 某高层办公建筑在进行内部装修时，采用一边固定于墙面的壁柜将办公室分隔成多个区域，根据《建筑内部装修设计防火规范》（GB 50222）的规定，该壁柜可划分为（　　）。

A. 固定家具　　B. 墙面装修材料

C. 隔断装修材料　　D. 其他装饰材料

80. 进行火灾风险识别时，需判定火灾危险源。下列火灾危险源因素中，属于人为因素的是（　　）。

A. 人员应急反应能力　　B. 吸烟起火

C. 消防安全责任制　　D. 可燃油浸变压器油温过高引起火灾

二、多项选择题（共 20 题，每题 2 分。每题的备选项中，有 2 个或 2 个以上符合题意，至少有 1 个错项。错选，本题不得分；少选，所选的每个选项得 0.5 分）

81. 下列灭火剂中，在灭火过程中含有窒息灭火机理的有（　　）。

A. 二氧化碳　　B. 泡沫

C. 直流水　　D. 水喷雾

E. 氮气

82. 某地下车库设置的自动喷水灭火系统采用直立型喷头，下列关于喷头溅水盘与车库顶板的垂直距离的说法中，符合规范规定的有（　　）。

A. 喷头无障碍物遮挡时，不应小于 25 mm，且不应大于 150 mm

B. 喷头有障碍物遮挡时，不应小于 850 mm

C. 喷头无障碍物遮挡时，不应小于 75 mm，且不应大于 150 mm

D. 喷头有障碍物遮挡时，不应大于 650 mm

E. 喷头有障碍物遮挡时，不应大于 550 mm

83. 某建筑高度为 23 m 的 5 层商业建筑，长度为 100 m，宽度为 50 m，每层建筑面积 5 000 m^2，设置有自动喷水灭火系统、火灾自动报警系统和防烟排烟系统等消防设施。下列关于机械排烟系统应满足要求的说法中，正确的有（　　）。

A. 与垂直管道连接的每层水平支管应设置在楼层配电间内

B. 排烟风机配电线路的末端自动切换应设置在楼层配电间内

C. 采用的排烟风机应能在 280℃时连续工作 30 min

D. 火灾时应由火灾自动报警系统联动开启排烟口

E. 排烟口应设置现场手动开启装置

84. 某地上 18 层、地下 3 层的建筑，每层建筑面积为 1 500 m^2，首层为大堂，二层至五层为商店，地上六层及以上各层为办公区，地下一层层高 4.5 m，设置设备用房和夜总会。下列关于该夜总会的消防设计中，正确的有（　　）。

A. 豪华包间的建筑面积为 200 m^2，设置 2 个疏散门

B. 建筑面积为 60 m^2 的房间，设置 1 个疏散门

C. 夜总会所在空间划分 3 个防烟分区，设置一套机械排烟系统

D. 每个房间采用耐火极限 1.00 h 的防火隔墙与其他房间分隔

E. 夜总会所在空间采用耐火极限为 2.00 h 的防火隔墙与设备区分隔

85. 某单位经规划部门许可在一江边新建一座油品装卸码头，委托设计单位进行工程设计。下列关于油品装卸码头防火设计要求的说法中，正确的是（　　）。

A. 油品码头宜布置在港口的边缘区域

B. 装卸甲、乙类油品的泊位与明火或散发火花地点的防火间距不应小于 40 m

C. 甲、乙类油品码头前沿线与陆上储油罐的防火间距不应小于 20 m

D. 油品泊位的码头结构应采用不燃烧材料

E. 油品码头上应设置人行通道和检修通道

86. 某单层洁净厂房，设有中央空调系统，用防火墙划分为两个防火分区，有一条输送带贯通两个防火分区，在输送带穿过防火墙的洞口设有专用防火闸门，厂房内设置 IG-541 组合分配灭火系统保护。下列关于该气体灭火系统启动联动控制的说法中，正确的有（　　）。

A. 应联动关闭输送带穿过防火墙处的专用防火闸门

B. 应联动关闭中央空调系统

C. 应由一个火灾探测器动作启动系统

D. 应联动打开气体灭火系统的选择阀

E. 应联动打开空调系统穿越防火墙处的防火阀

87. 某化工企业拟采用安全检查表法对甲醇合成车间进行火灾风险评估。编制安全检查表的主要步骤应包括（　　）。

A. 确定检查对象
B. 找出危险点
C. 预案演练
D. 确定检查内容
E. 编制检查表

88. 某建造在山坡上的办公楼，建筑高度为 48 m，长度和宽度分别为 108 m 和 32 m，地下设置了 2 层汽车库，建筑的背面和两侧无法设置消防车道，下列该办公楼消防车登高操作场地的设计，符合规范的有（　　）。

A. 消防车登高操作场地靠建筑正面一侧的边缘与建筑外墙的距离为 5 ~ 7 m
B. 消防车登高操作场地宽度为 12 m
C. 消防车登高操作场地的坡度为 1%
D. 消防车登高操作场地设置在建筑的正面，因受大门雨棚的影响，在大门前不能连续布置
E. 消防车登高操作场地位于可承受重型消防车压力的地下室上部

89. 生产厂房在划分防火分区时，确定防火分区的建筑面积的主要因素有（　　）。

A. 生产的火灾危险性类别
B. 厂房内火灾自动报警系统设置情况
C. 厂房的层数和建筑高度
D. 厂房的耐火等级
E. 特殊生产工艺需要灭火技术措施

90. 为预防古建筑发生火灾，必须加强对古建筑的消防安全管理。下列关于古建筑消防安全管理的措施中，正确的是（　　）。

A. 禁止使用大于 40 W 的白炽灯
B. 禁止在古建筑保护范围内堆存和使用易燃易爆物品
C. 严禁在古建筑内私接乱拉电气线路
D. 禁止在古建筑的主要殿屋内进行炊煮
E. 不应在古建筑内烧香

91. 某寒冷地区环境温度低于 4℃，有一个地上 3 层、建筑面积 40 000 m^2 的汽车库，未设置采暖设施。该汽车库设置自动喷水灭火系统时，可采用（　　）系统。

A. 干式
B. 预作用
C. 自动喷水—泡沫联用
D. 湿式
E. 雨淋

92. 新建一座大型的商业建筑，地下一层为汽车库，可停放 300 辆汽车，下列设施和房间中，不应设置在该地下汽车库内的有（　　）。

A. 汽油罐
B. 加油机
C. 修理车位
D. 丙类库房
E. 充电间

93. 某办公建筑设有自动喷水灭火系统、火灾自动报警系统和防烟排烟系统。建筑内下列消防系统中，启动联动控制不应受消防联动控制器处于自动或手动状态影响的有（　　）。

A. 预作用自动喷水灭火系统
B. 湿式自动喷水灭火系统
C. 干式自动喷水灭火系统
D. 湿式室内消火栓系统
E. 防烟排烟系统

94. 某建筑高度为 23.8 m 的 4 层商业建筑，对其进行室内消火栓的配置和设计中，正确的有（　　）。

A. 选用 *DN*65 mm 的室内消火栓
B. 消火栓栓口动压大于 0.5 MPa
C. 消火栓栓口动压不小于 0.25 MPa
D. 水枪充实水柱不小于 10 m
E. 配置直径 65 mm、长 30 m 的消防水带

95. 下列无敞开式外廊的建筑中，可设置封闭楼梯间的有（　　）。

A. 4 层且建筑高度为 21 m 的医院门诊楼
B. 3 层且建筑高度为 12 m、每层建筑面积为 500 m^2 的小型商店
C. 3 层且建筑高度为 19.8 m 的纺织厂房
D. 6 层且建筑高度为 21.6 m 的办公楼
E. 宾馆建筑下部设置的 3 层地下设备房和汽车库

96. 某 8 层住宅建筑，层高 3.0 m，首层地面标高 ±0.000 m，室外地坪标高 –0.600 m，平屋面面层标高 24.200 mm。对该建筑外墙进行保温设计，下列选用的保温材料和方式中，符合规范的有（　　）。

A. 除楼梯间外，内保温材料采用燃烧性能为 B_1 级的聚氨酯泡沫板
B. 外保温体系与基层墙体无空腔，保温材料采用矿棉板
C. 除楼梯间外，内保温材料采用燃烧性能为 B_2 级的聚乙烯泡沫板
D. 外保温体系与基层墙体无空腔，保温材料采用燃烧性能为 B_1 级的聚氨酯泡沫板
E. 外保温体系与基层墙体无空腔，保温材料采用燃烧性能为 B_1 级的聚苯乙烯泡沫板

97. 对建筑进行性能化防火设计评估中，在计算人员安全疏散时间时，应确定人员密度、疏散宽度、行走速度等相关情况。影响行走速度的因素主要包括（　　）。

A. 灭火器配置
B. 人员自身条件
C. 报警时间
D. 建筑情况
E. 人员密度

98. 下列城市汽车加油加气站中，应设消防给水系统的有（　　）。

A. 一级加油站
B. 压缩天然气储罐埋地设置的加气站
C. 二级液化石油气加气站
D. 加油和液化石油气加气合建站

E. 压缩天然气储罐埋地设置的加油加气合建站

99. 新建一座大型城市商业综合体，根据有关规定，需要在该综合体设置人民防空工程。下列关于该人防工程中避难走道的做法中，正确的有（　　）。

A. 设置 2 个直通地面的出口

B. 防火分区至避难走道入口处设置面积为 6 m^2 的前室

C. 设置室内消火栓系统

D. 设置火灾应急照明和应急广播

E. 采用燃烧性能等级为 B_1 级的装修材料进行装修

100. 某食用油加工厂，拟新建一座大豆油浸出车间厂房，其耐火等级为一级，车间需要设置与生产配套的浸出溶剂中间仓库、分控制室、办公室和专用 10 kV 变电所。对该厂房进行总平面布局和平面布置时，正确的措施有（　　）。

A. 车间专用 10 kV 变电所贴邻厂房建造，并用无门、洞、窗口的防火墙与厂房分隔

B. 中间仓库在厂房内靠外墙布置，并用防火墙与其他部位分隔

C. 分控制室贴邻厂房外墙布置，并采用耐火极限 4.00 h 的防火墙与厂房分隔

D. 厂房平面采用矩形布置

E. 办公室设置在厂房内，并与其他区域之间设耐火极限 2.00 h 的隔墙分隔

消防安全技术实务
模拟测试（四）

一、单项选择题（共 80 题，每题 1 分。每题的备选项中，只有 1 个最符合题意）

1. 用着火四面体来表示燃烧发生和发展的必要条件时，“四面体”是指可燃物、氧化物、引火源和（　　）。

A. 氧化反应　　B. 热分解反应

C. 链传递　　D. 链式反应自由基

2. 某金属部件加工厂的滤芯抛光车间厂房内有一地沟。对该厂房采取的下列防爆措施中，不符合要求的是（　　）。

A. 用盖板将车间内的地沟严密封闭

B. 采用不发火花的地面

C. 设置除尘设施

D. 采用粗糙的防滑地面

3. 下列建筑电气防爆基本措施中，错误的是（　　）。

A. 选用与爆炸危险区域的分区和范围相适应的防爆电气设备

B. 在同时存在爆炸性气体和粉尘的区域，按照爆炸性气体的防爆要求选用电气设备

C. 设置防爆型剩余电流式电气火灾监控报警系统和紧急断电装置

D. 将在正常运行时会产生火花、电弧的电气设备和线路布置在爆炸危险性小或没有爆炸危险性的环境内

4. 某面粉加工厂的面粉碾磨车间为 3 层钢筋混凝土结构建筑，建筑高度为 25 m，建筑面积共 3 600 m^2，根据生产的火灾危险性分类标准，该面粉碾磨车间的火灾危险性类别确定为（　　）。

A. 甲类　　B. 乙类　　C. 丙类　　D. 丁类

5. 某仓库包含百货、陶瓷器具、玻璃制品、塑料玩具、自行车。该仓库的火灾危险性类别应确定为（　　）。

A. 甲类　　B. 乙类　　C. 丙类　　D. 丁类

6. 某棉纺织联合厂房，在通风机的前端设置滤尘器对空气进行净化处理。如需将过滤

后的空气循环使用，应使空气中的含尘浓度低于其爆炸下限的（　　）。

A. 15%　　B. 25%　　C. 50%　　D. 100%

7. 地下汽车库配置灭火器时，计算单元的最小灭火级别计算应比地上汽车库增加（　　）。

A. 10%　　B. 20%　　C. 30%　　D. 25%

8. 建筑划分防烟分区时，下列构件和设备中，不应用做防烟分区分隔构件和设施的是（　　）。

A. 特级防火卷帘　　B. 防火水幕

C. 防火隔墙　　D. 高度不小于 50 cm 的建筑结构梁

9. 根据《火灾自动报警系统设计规范》（GB 50116）的规定，消防控制室内的设备面盘至墙的距离不应小于（　　）m。

A. 1.5　　B. 3　　C. 2　　D. 2.5

10. 下列关于自然排烟的说法，错误的是（　　）。

A. 建筑面积为 800 m^2 的地下车库可采用自然排烟方式

B. 采用自然排烟的场所可不划分防烟分区

C. 防烟楼梯间及其前室不应采用自然排烟方式

D. 建筑高度小于 50 m 的公共建筑，宜优先考虑采用自然排烟方式

11. 某 5 层数据计算机房，层高 5 m，每层有 1 200 m^2 的大空间计算机用房，设置 IG–541 组合分配气体灭火系统保护。该建筑的气体灭火系统防护区最少应划分为（　　）个。

A. 5　　B. 6　　C. 8　　D. 10

12. 某厂为满足生产要求，拟建设一个总储量为 1 500 m^3 的液化石油气储罐区。该厂所在地区的全年最小频率风向为东北风。在其他条件均满足规范要求的情况下，该储罐区宜布置在厂区的（　　）。

A. 东北侧　　B. 西北侧　　C. 西南侧　　D. 东南侧

13. 某修车库设有 7 个修车位。根据《汽车库、修车库、停车场设计防火规范》（GB 50067）的规定，该修车库的防火分类应为（　　）类。

A. Ⅰ　　B. Ⅱ　　C. Ⅲ　　D. Ⅳ

14. 某场所配置的灭火器型号为“MF/ABC10”。下列对该灭火器类型、规格的说明中，正确的是（　　）。

A. 该灭火器是 10 kg 手提式（磷酸铵盐）干粉灭火器

B. 该灭火器是 10 kg 推车式（磷酸铵盐）干粉灭火器

C. 该灭火器是 10 L 手提式（碳酸氢钠）干粉灭火器

D. 该灭火器是 10 L 手提式（磷酸铵盐）干粉灭火器

15. 某建筑采用防火墙划分防火分区，下列防火墙的设置中，错误的是（　　）。

A. 输送柴油（闪点高于 60 C°）的管道穿过该防火墙，穿墙管道四周缝隙采用防火堵料严密封堵

B. 防火墙直接采用加气混凝土砌块砌筑，耐火极限为 4.00 h

C. 防火墙直接设置在耐火极限为 3.00 h 的框架梁上

D. 防火墙上设置敞开的甲级防火门，火灾时能够自行关闭

16. 某商业建筑，东西长为 100 m，南北宽为 60 m，建筑高度 26 m，室外消火栓设计流量为 40 L/s，南侧布置消防扑救面。沿该建筑南侧消防扑救面设置的室外消火栓数量，不应少于（　　）个。

A. 1　　B. 3　　C. 4　　D. 2

17. 下列关于高层建筑中设置机械加压送风系统的说法，错误的是（　　）。

A. 地下室的楼梯间和地上部分的楼梯间均需设置机械加压送风系统时，机械加压送风系统宜分别独立设置

B. 建筑高度大于 50 m 的公共建筑，其防烟楼梯间、消防电梯前室应设置机械加压送风系统

C. 建筑高度大于 50 m 的住宅建筑，其防烟楼梯间、消防电梯前室应设置机械加压送风系统

D. 建筑高度大于 50 m 的工业建筑，其防烟楼梯间、消防电梯前室应设置机械加压送风系统

18. 下列建筑或楼层中，可以开办幼儿园的是（　　）。

A. 租用消防验收合格，未经改造的设有一个疏散楼梯的 6 层单元式住宅的第三层

B. 租用消防验收合格，能提供一个独立使用的封闭楼梯间的高层办公楼裙房的第四层

C. 租用消防验收合格，建筑面积为 500 m^2，有 2 个防烟楼梯间的单独建造的半地下室

D. 建筑面积为 600 m^2，安全疏散和消防设施满足要求的单层砖木结构的房屋

19. 根据《火灾自动报警系统设计规范》(GB 50116) 的规定，区域报警系统应由火灾探测器、手动火灾报警按钮、火灾报警控制器和（　　）等组成。

A. 消防应急广播　　B. 消防专用电话

C. 气体灭火控制器　　D. 火灾声光警报器

20. 某房地产开发商拟在石油化工厂附近开发建设一个居住区，石油化工厂设有总容积为 10 000 m^3 的液化石油气储蓄罐区，根据《石油化工企业设计防火规范》(GB 50160) 的规定，该新建居住区与石油化工厂液化石油储蓄罐的防火间距不应小于（　　）m。

A. 50　　B. 100　　C. 200　　D. 150

21. 某白酒灌装车间设置推车式灭火器，应优先选择的是（　　）。

A. 抗溶性泡沫灭火器　　B. 清水灭火器

C. 水雾灭火器　　D. 碳酸氢钠干粉灭火器

22. 某 16 层民用建筑，一至三层为商场，每层建筑面积为 3 000 m^2，四至十六层为单元式住宅，每层建筑面积为 1 200 m^2，建筑首层室内地坪标高为 ±0.000 m，室外地坪高为 -0.300 m，商场平面层面层标高为 14.6 m，住宅平屋面面层高为 49.7 m，女儿墙顶部标高为 50.9 m，根据《建筑设计防火规范》（GB 50016）规定的建筑分类，该建筑的类别应确定为（　　）。

A. 二类高层公共建筑　　B. 一类高层公共建筑

C. 一类高层住宅建筑　　D. 二类高层住宅建筑

23. 某汽车加油站有 2 个单罐容积为 30 m^3 的煤气罐，1 个单罐容积为 50 m^3 的柴油罐。该加油站的等级是（　　）。

A. 一级　　B. 二级　　C. 四级　　D. 三级

24. 对建筑进行性能化防火设计时，火灾数值模拟软件 FDS 采用的火灾模型是（　　）。

A. 场模型　　B. 局部模型　　C. 区域模型　　D. 混合模型

25. 某建筑高度为 98.9 m 的大楼，使用功能为办公、宾馆、商业和娱乐。一至四层的裙房设有营业厅和办公室，地下一层夜总会疏散走道两侧和尽端设有 5 个卡拉 OK 小包间，营业厅的 2 个疏散门需要通过疏散走道至疏散楼梯间。该建筑按照规范要求设置消防设施。下列建筑内疏散走道设计中，错误的是（　　）。

A. 办公区域疏散走道两侧的隔墙采用加气混凝土砌块砌筑，耐火极限为 1.50 h

B. 宾馆区域疏散走道采用轻钢龙骨纸面石膏板吊顶，耐火极限为 0.3 h

C. 夜总会疏散走道尽端房间房门至最近的安全出口的距离为 11 m

D. 裙房内四层营业厅的疏散门至最近的安全出口疏散走道长度为 15 m

26. 新建一个内浮顶原油储罐，容量为 6 000 m^3，采用中倍数泡沫灭火系统时，宜选用（　　）泡沫灭火系统 。

A. 固定　　B. 移动　　C. 半固定　　D. 半移动

27. 油品装卸码头设置的装卸甲、乙类油品的泊位，与明火或散发火花地点的防火间距不应小于（　　）m。

A. 30　　B. 40　　C. 50　　D. 100

28. 新建一座地下汽车库，建筑面积为 15 000 m^2，停车在 300 辆，汽车库按规定设置了消防设施。该汽车库室内任一点至最近人员安全出口的疏散距离不应大于（　　）m。

A. 45　　B. 50　　C. 60　　D. 80

29. 泡沫灭火系统按系统结构可分为固定泡沫灭火系统、半固定泡沫灭火系统、移动泡沫灭火系统。半固定灭火系统是指（　　）。

A. 采用泡沫枪、固定泡沫设施和固定消防水泵供应泡沫混合液的灭火系统

B. 由固定的泡沫产生器与部分连接管道、泡沫消防车或机动消防泵，用水带连接组成的灭火系统

C. 泡沫产生器与部分连接管道连接，固定消防水泵供应泡沫混合液的灭火系统

D. 采用泡沫枪，泡沫液由消防车供应，水由固定消防水泵供应的灭火系统

30. 某 3 层商业建筑，采用湿式自动喷水灭火系统保护，共设计有 2 800 个喷头保护吊顶下方空间。该建筑自动喷水灭火系统报警阀组的设置数量不应少于（　　）个。

A. 2　　B. 3　　C. 4　　D. 5

31. 固定顶油罐与内浮顶油罐中倍数泡沫灭火系统的泡沫产生装置与管道布置，当中倍数泡沫产生器数量大于或等于（　　）个时，可每两个产生器共享一根管道引至防火堤外。

A. 2　　B. 3　　C. 5　　D. 8

32. 移动式中倍数泡沫灭火系统适用于发生火灾部位难以接近的较小火灾场所、流淌面积不超过（　　）m^2 的液体流淌火灾。

A. 50　　B. 100　　C. 300　　D. 500

33. 用于液化石油气储罐防护冷却目的时，水雾喷头的工作压力不应小于（　　）MPa。

A. 0.35　　B. 0.2　　C. 0.15　　D. 0.1

34. 下列关于机械排烟系统的选择，错误的是（　　）。

A. 机械排烟系统横向应按每个防火分区独立设置

B. 为了增强排烟效果，在同一个防烟分区内应尽可能同时采用自然排烟方式和机械排烟方式

C. 建筑高度为 250 m 的办公楼的排烟系统应竖向分段独立设置且每段高度不宜超过 50 m

D. 建筑高度为 150 m 的住宅楼的排烟系统应竖向分段独立设置且每段高度不宜超过 100 m

35. 下列关于火灾自动报警系统组件设置的做法中，错误的是（　　）。

A. 壁挂手动火灾报警按钮的底边距离楼地面 1.4 m

B. 壁挂紧急广播扬声器的底边距离楼地面 2.1 m

C. 壁挂消防联动控制器的主显示屏的底边距离楼地面 1.6 m

D. 墙上安装的消防专用电话插孔的底边距离楼地面 1.3 m

36. 下列属于第一类危险源的是（　　）。

A. 火灾烟气　　B. 自动灭火系统

C. 火灾自动报警系统　　D. 应急广播及疏散设施

37. 下列关于机械排烟系统设置要求的说法中，错误的是（　　）。

A. 排烟风机入口处应设置 280℃能自动关闭的排烟防火阀，该阀关闭时，排烟风机应停止运转

B. 排烟风机宜设置在排烟系统的顶部，烟气出口宜水平朝外

C. 排烟风机应设置在专用机房内

D. 排烟口的风速不宜大于 10 m/s

38. 下列关于预作用自动喷水灭火系统的说法中，错误的是（　　）。

A. 在准工作状态下，由稳压系统维持雨淋阀入口前管道内的充水压力

B. 在准工作状态下，雨淋阀后的配水管道内应充满有压气体

C. 当发生火灾后，雨淋阀开启，压力开关动作后管网开始排气充水

D. 当发生火灾后，由火灾自动报警系统、充气管道上的压力开关联锁控制预作用报警阀的电磁阀

39. 消防水泵应能手动启停和自动启动，且应确保从接到启泵信号到水泵正常运转的自动启动时间不应大于（　　）min。

A. 0.5　　B. 1　　C. 2　　D. 5

40. 某通信机房为无人值守的封闭区域，室内净高为 3.6 m，建筑面积 200 m^2，采用全淹没式二氧化碳灭火系统防护，下列说法错误的是（　　）。

A. 该系统的延时时间为 30 s

B. 防护区围护结构承受内压的允许压强不宜低于 1 200 Pa

C. 防护区的泄压口宜设置在外墙上

D. 防护区的围护构件上不得设置敞开孔洞

41. 下列关于消防应急照明和疏散指示系统联动控制要求的做法中，错误的是（　　）。

A. 集中控制型消防应急照明和疏散指示系统，应由火灾报警控制器或消防联动控制器启动应急照明控制器实现

B. 集中电源非集中控制型消防应急照明和疏散指示系统，应由消防联动控制器联动应急照明集中电源和应急照明分配电装置实现

C. 自带电源非集中控制型消防应急照明和疏散指示系统，应由消防联动控制器联动消防应急照明配电箱实现

D. 当确认火灾后，由发生火灾的报警区域开始，顺序启动全楼疏散通道的消防应急照明和疏散指示系统，系统全部投入应急状态的启动时间不应大于 30 s

42. 下列关于电气火灾监控系统设置的做法中，错误的是（　　）。

A. 独立式电气火灾监控系统探测器不需要配接电气火灾监控设备

B. 测温式电气火灾监控探测器应设置在电缆接头、端子、重点发热部件等部位

C. 具有探测线路故障电弧功能的电气火灾监控探测器，其保护线路的长度不宜大于 50 m

D. 设置消防控制室时，电气火灾监控应设置在消防控制室内或保护区域附近

43. 高层建筑室内消火栓栓口动压不应小于（　　）MPa，且消防水枪充实水柱应达到（　　）m。

A. 0.35，10　　B. 0.35，13　　C. 0.25，10　　D. 0.25，13

44. 下列关于报警阀组设置要求的表述中，正确的是（　　）。

A. 报警阀组宜设在安全且易于操作、检修的地点，距地面的距离宜为 1.5 ~ 1.8 m

B. 水力警铃应设置在消防控制室内，便于消防控制室值班人员掌握设施启动情况

C. 控制阀安装在报警阀的出口处，用于在系统检修时关闭系统

D. 连接报警阀进出口的控制阀应采用信号阀，其启闭状态的信号应反馈到消防控制中心

45. 下列关于风险评估步骤的说法，正确的是（　　）。

A. 风险识别→风险分析→风险评价→风险应对

B. 风险识别→风险评价→风险分析→风险应对

C. 风险分析→风险识别→风险评价→风险应对

D. 风险分析→风险评价→风险识别→风险应对

46. 某一单孔隧道，可通行危险化学品等机动车，隧道长度 485 m，在进行隧道消防设施配置时，隧道内的消火栓用水量不应小于（　　），隧道外的消火栓用水量不应小于（　　）。

A. 20 L/s，30 L/s　　B. 30 L/s，20 L/s

C. 15 L/s，20 L/s　　D. 10 L/s，20 L/s

47. 某一城市高架中设置的隧道，隧道长度为 1 000 m，双向六车道，隧道两侧均设置灭火器，每个设置点的灭火器数量不应少于（　　）具。

A. 1　　B. 2　　C. 4　　D. 10

48. 设有下列（　　）的人防工程，当底部室内地面与室外出入口地坪高差大于 10 m 时，应设置防烟楼梯间。

A. 建筑面积 500 m^2 的电影院

B. 建筑面积 300 m^2 的旅馆

C. 建筑面积 800 m^2 的多功能厅

D. 建筑面积 600 m^2 的餐厅

49. 下列关于人防工程避难走道设置要求的说法中，错误的是（　　）。

A. 避难走道直通地面的出口不应少于两个，并应设置在不同方向

B. 避难走道的装修材料燃烧性能等级应为 A 级

C. 防火分区至避难走道入口处应设前室，前室面积不应小于 6 m^2，前室的门应为乙级防火门

D. 避难走道应设置消火栓、火灾应急照明、应急广播和消防专用电话

50. 某一地下汽车库，建筑面积为1 500 m^2，设有自动喷水灭火系统，其室内任一点至最近人员安全出口的疏散距离不应大于（　　）m。

A. 30　　B. 45　　C. 50　　D. 60

51. 下列场所或部位中，应当设排烟系统的是（　　）。

A. 敞开式汽车库

B. 建筑面积800 m^2 的地下一层汽车库

C. 建筑面积600 m^2 的地下一层修车库

D. 建筑面积500 m^2 的地下二层汽车库

52. 某汽车加油站，设有3台加油机，下列设置要求中错误的是（　　）。

A. 加油岛宜设罩棚，罩棚必须采用不燃材料制作

B. 罩棚有效高度为6 m

C. 罩棚边缘与加油机的平面距离为2.5 m

D. 站房内设置电磁炉餐厨设备

53. 某地铁车站，共两层，地上一层为站厅层，地上二层为站台层，下列关于装修材料的要求中错误的是（　　）。

A. 车站站厅区域的墙面、顶面装修材料应为A级不燃材料

B. 车站站台区域地面装修材料必须为A级不燃材料

C. 装修材料不得采用玻璃纤维制品

D. 站厅、站台区域的广告灯箱应采用不低于 B_1 级难燃材料

54. 某一油罐区，内部设有2个2 000 m^3、1个5 000 m^3 的汽油罐，罐径分别为10 m、15 m，储罐采用固定顶形式，罐组内相邻储罐的防火间距应不小于（　　）m。

A. 5　　B. 6　　C. 7.5　　D. 9

55. 我国西北腹地的沙漠边缘有一座建于明朝永乐年间的古寺。现对该寺的一栋主要储存珍宝的古建筑设置灭火系统，以保证其消防安全。下列几类系统中，宜采用的是（　　）。

A. 预作用自动喷水灭火系统　　B. 气体灭火系统

C. 细水雾灭火系统　　D. 湿式自动喷水灭火系统

56. 根据《建筑设计防火规范》（GB 50016）的规定，封闭段长度为1 000 m的可通行性危险化学品等机动车的单孔隧道属于（　　）隧道。

A. 一类　　B. 二类　　C. 三类　　D. 四类

57. 阴燃是（　　）燃烧的一种形式。

A. 固体　　B. 液体

C. 气体　　D. 固体、液体、气体

58. 用泡沫灭火器或泡沫灭火系统实施灭火时，泡沫覆盖于燃烧液体或固体的表面属于（　　）灭火方法。

A. 冷却　　B. 隔离　　C. 窒息　　D. 化学抑制

59. 根据《火灾分类》（GB/T 4968）的规定，液化石油气罐起火燃烧属于（　　）火灾。

A. A　　B. B　　C. C　　D. D

60. 某办公楼发生火灾，火灾扑灭后，经统计 3 人在逃生中因跳楼死亡，6 人因火灼伤入院，直接财产损失 846.3 万元，企业停业损失 4 200 万元。则此次火灾可定性为（　　）。

A. 特别重大火灾　　B. 重大火灾

C. 较大火灾　　D. 一般火灾

61. 自然排烟是利用火灾烟气的热浮力和外部风压等作用，通过建筑物的外墙或屋顶开口将烟气排至室外的排烟方式。下列关于自然排烟的说法中，错误的是（　　）。

A. 自然排烟窗的开启方向应采用上悬外开式

B. 具备自然排烟条件的多层建筑，宜采用自然排烟方式

C. 排烟窗应设置在建筑排烟空间室内净高的 1/2 以上

D. 排烟口的排放速率主要取决于烟气的厚度和温度

62. 下列关于干式自动喷水灭火系统的说法中，错误的是（　　）。

A. 在准工作状态下，由稳压系统维持干式报警阀入口前管道内的充水压力

B. 在准工作状态下，干式报警阀出口后的管道内应充满有压气体

C. 当发生火灾后，干式报警阀开启，压力开关动作后管网开始排气充水

D. 当发生火灾后，管道排气充水后，开启的喷头开始喷水

63. 下列关于消防给水设施的说法中，错误的是（　　）。

A. 消防水泵的串联可在流量不变的情况下增加扬程，消防水泵的并联可增加流量

B. 消防水泵控制柜在平时应使消防水泵处于自动启泵状态

C. 室内消火栓给水管网宜与自动喷水等其他灭火系统的管网分开设置，当合用消防水泵时，供水管路沿水流方向应在报警阀后分开设置

D. 室外消防给水管道应采用阀门分成若干独立段，每段内室外消火栓数量不宜超过 5 个

64. 某电子计算机主机房为无人值守的封闭区域，室内净高为 3.6 m，采用全淹没式七氟丙烷灭火系统防护。该防护区设置的泄压口下沿距离防护区楼地板的高度不应低于（　　）m。

A. 2.4　　B. 1.8　　C. 3.0　　D. 3.2

65. 关于地下商店营业厅的内部装修，允许采用 B_1 级燃烧性能的是（　　）。

A. 地面装修材料
B. 装饰织物
C. 顶棚
D. 墙面装修材料

66. 下列关于建筑的总平面布局中，错误的是（　　）。
A. 桶装乙醇仓库与相邻高层仓库的防火间距为 15 m
B. 电解食盐水厂房与相邻多层厂区办公楼的防火间距为 27 m
C. 发生炉煤气净化车间的总控制室与车间贴邻，并采用钢筋混凝土防爆墙分隔
D. 空分厂房专用 10 kV 变配电站采用设置甲级防火窗的防火墙与空分厂房一面贴邻

67. 下列关于建筑防烟系统联动控制要求的做法中，错误的是（　　）。
A. 常闭加压送风口开启由其所在防火分区内两只独立火灾探测器的报警信号作为联动触发信号
B. 加压送风机启动由其所在防火分区内的一只火灾探测器与一只手动火灾报警按钮的报警信号作为联动触发信号
C. 楼梯间的前室或合用前室的加压送风系统中任一常闭加压送风口开启时，联动启动该楼梯间各楼层的前室及合用前室内的常闭加压送风口
D. 对于防火分区跨越多个楼层的建筑，楼梯间的前室或合用前室内任一常闭加压送风口开启时联动启动该防火分区内全部楼层的楼梯间前室及合用前室内的常闭加压送风口

68. 下列关于电气火灾监控系统设置的做法中，错误的是（　　）。
A. 将剩余电流式电气火灾监控探测器的报警值设定为 400 mA
B. 对于泄漏电流大于 500 mA 的供电线路，将剩余电流式电气火灾监控探测器设置在下一级配电柜处
C. 将非独立式电气火灾监控探测器接入火灾报警探测器的探测回路
D. 将线型感温火灾探测器接入电气火灾监控器用于电气火灾监控

69. 某汽车库的建筑面积为 5 100 m^2，停车数量为 150 辆，该汽车库的防火分类应为（　　）类。
A. Ⅰ　　B. Ⅲ　　C. Ⅳ　　D. Ⅱ

70. 下列因素中，不易引起电气线路火灾的是（　　）。
A. 线路短路
B. 线路绝缘损坏
C. 线路接触不良
D. 电压损失

71. 下列厂房或仓库中，按规范应设置防烟排烟设施的是（　　）。
A. 每层建筑面积为 1 200 m^2 的 2 层丙类仓库
B. 丙类厂房内建筑面积为 120 m^2 的生产监控室
C. 建筑面积为 3 000 m^2 的丁类生产车间
D. 单层丙类厂房内长度为 35 m 的疏散走道

72. 在开展建筑消防性能化设计与评估时，预测自动喷水灭火系统洒水喷头的启动时

间，主要应考虑火灾的（　　）。

A. 阴燃　　B. 增长　　C. 全面发展　　D. 衰退

73. 一座建筑高度为 55 m 的新建办公楼，无裙房，矩形平面尺寸为 80 m × 20 m，沿该建筑南侧的长边连续布置消防车登高操作场地。该消防车登高操作场地的最小平面尺寸应为（　　）。

A. 15 m × 10 m　　B. 20 m × 10 m

C. 15 m × 15 m　　D. 80 m × 10 m

74. 某钢筋混凝土结构的商场，建筑高度为 23.8 m。其中，地下一层至地上五层为商业营业厅，地下二层为汽车库和设备用房，建筑全部设置自动喷水灭火系统和火灾自动报警系统等，并采用不燃性材料进行内部装修，下列关于防火分区划分的做法中，错误的是（　　）。

A. 地上一层的防火分区中最大一个的建筑面积为 9 900 m^2

B. 地下一层的防火分区中最大一个的建筑面积为 1 980 m^2

C. 地上二层的防火分区中最大一个的建筑面积为 4 950 m^2

D. 地下二层的设备用房划分为一个防火分区，建筑面积为 1 090 m^2

75. 某办公楼建筑，地上 28 层，地下 3 层，室外地坪标高为 −0.600 m，地下三层的地面标高为 −10.000 m。下列关于该建筑平面布置的做法中，错误的是（　　）。

A. 将消防控制室设置在地下一层，其疏散门直通紧邻的防烟楼梯间

B. 将使用天然气作燃料的常压锅炉房布置在屋顶，与出屋面的疏散楼梯间出口的最近距离为 7 m

C. 将消防水泵房布置在地下三层，其疏散门直通紧邻的防烟楼梯间

D. 将干式变压器室布置在地下二层，其疏散门直通紧邻的防烟楼梯间

76. 某人防工程设置在地下一层，其室内地面与室外出入口地坪的高差为 8 m。下列场所中，不能设置在该人防工程内的是（　　）。

A. 歌舞娱乐放映游艺场所　　B. 医院病房

C. 儿童游乐厅　　D. 百货商店

77. 下列关于建筑内疏散楼梯间的做法中，错误的是（　　）。

A. 设置敞开式外廊的 4 层教学楼，建筑耐火等级为二级，每层核定人数 500 人，设置 3 部梯段净宽度均为 2.00 m 的敞开式疏散楼梯间

B. 建筑高度为 15 m 的 3 层商用建筑，总建筑面积为 2 400 m^2，一、二层为美术教室和形体训练室，三层为卡拉 OK 厅和舞厅，设置 2 座梯段净宽度均为 2.00 m 的敞开式疏散楼梯间

C. 电子厂综合装配大楼，建筑高度为 31.95 m，每层作业人数 100 人，设置 2 座净宽度均为 1.2 m 的防烟楼梯间

D. 建筑高度为 31.9 m 的住宅建筑，每个单元的建筑面积为 500 m^2，户门至楼梯间的

最大水平距离为 2 m，每个单元设置一座梯段净宽度为 1.10 m 的封闭楼梯间

78. 下列关于电气装置设置的做法中，错误的是（　　）。

A. 在照明灯具靠近可燃物处采取隔热防火措施

B. 额定功率为 150 W 的吸顶白炽灯的引入线采用陶瓷管保护

C. 额定功率为 60 W 的白炽灯安装在木梁上

D. 可燃材料仓库内使用密闭型荧光灯具

79. 某燃煤火力发电厂，单机容量为 200 MW，总容量为 1 000 MW。下列关于该电厂消防设施的做法中，错误的是（　　）。

A. 消防控制室与主控制室合并设置

B. 贮煤场的室外消防用水量采用 15 L/s

C. 设置控制中心火灾自动报警系统

D. 主厂房周围采用环状消防给水管网

80. 下列关于建筑安全出口或疏散楼梯间的做法中，错误的是（　　）。

A. 位于地下一层，总建筑面积为 1 000 m^2 的卡拉 OK 厅和舞厅，设置了 3 个净宽度均为 2 m 的安全出口

B. 每层为一个防火分区且每层使用人数不超过 180 人的多层制衣厂，设置了 2 座梯段净宽度均为 1.2 m 的封闭楼梯间

C. 高层办公楼的每层使用人数为 60 人，设置了 2 座防烟疏散楼梯间，楼梯间的净宽度及楼梯间在首层的门的净宽度均为 1.2 m

D. 单层二级耐火等级且设置自动喷水灭火系统的电影院，其中一个 1 000 座的观众厅设置了 4 个净宽度均为 1.50 m 的安全出口

二、多项选择题（共 20 题每题 2 分。每题的备选项中，有 2 个或 2 个以上符合题意，至少有 1 个错项。错选，本题不得分；少选，所选的每个选项得 0.5 分）

81. 下列储存物品中，属于乙类火灾危险性分类的有（　　）。

A. 煤油　　B. 乙烯

C. 镁粉　　D. 赤磷

E. 硝酸铜

82. 下列汽车加油加气站中，不应在城市中心建设的有（　　）。

A. 一级加油站　　B. LNG 加气站

C. CNG 常规加气站　　D. 一级加气站

E. 一级加油加气合建站

83. 下列关于锅炉房防火防爆的做法中，正确的有（　　）。

A. 燃油锅炉房布置在综合楼的地下三层，该层的其余区域设置空调和水泵房等设备房

B. 独立建造的蒸发量为 20 t/h 的燃煤锅炉房，按照丁类厂房设计，耐火等级为二级

C. 煤化工厂所在区域的常年主导风向为西南风，将锅炉房布置在甲醇合成厂房的西南侧

D. 单独建造的二级耐火等级的单层燃气锅炉房，与相邻一类高层宾馆裙房的防火间距为 11 m

E. 附设在主体建筑内的燃油锅炉房，其储油间内用钢制密闭储罐储存 0.9 m^3 的柴油，通向室外的通气管上设置安全阀，油罐下部设置防止油品流散的围堰

84. 某 3 层图书馆，建筑面积为 12 000 m^2，室内最大净宽高度为 4.5 m，图书馆内全部设置自动喷水灭火系统等，下列关于该自动喷水灭火系统的做法中，正确的是（　　）。

A. 系统的喷水强度为 4 L/（min · m^2）

B. 共设置 1 套湿式报警阀组

C. 采用流量系数 K=80 的洒水喷头

D. 系统的作用面积为 160 m^2

E. 系统最不利点处喷头的工作压力为 0.1 MPa

85. 下列汽车库、修车库、停车场中，可不设置自动喷水灭火系统的有（　　）。

A. Ⅳ类地上汽车库

B. 机械式汽车库

C. Ⅰ类修车库

D. 屋面停车场

E. 停车数量为 10 辆的地下停车库

86. 某地市级电力调度中心大楼内设置了电子信息系统机房，下列关于该机房的防火措施中，正确的是（　　）。

A. 主机房与其他部位之间采用 200 mm 厚加气混凝土砌块墙分隔，隔墙上的门采用甲级防火门

B. 主机房、辅助区和支持区采用 200 mm 厚加气混凝土砌块墙与其他区域分隔成独立的防火分区

C. 建筑面积为 500 m^2 的主机房设置 2 个净宽度均为 1.6 m 的感应式自动启闭推拉门，通向疏散走道

D. 主机房设置高压细水雾灭火系统

E. 主机房设置点式光电感烟火灾探测器，并由其中的 2 只火灾探测器的报警信号作为自动灭火系统的联动信号

87. 下列关于消防车道设置的做法，正确的有（　　）。

A. 二类高层住宅建筑，沿其南北侧两个长边设置净宽度为 3.5 m 的消防车道

B. 消防车道穿过建筑物的洞口处地面标高为 –0.300 m，洞口顶部的标高为 3.900 m，门洞净宽度为 4.2 m

C. 占地面积 2 400 m^2 的单层纺织品仓库，沿其两个长边设置尽头式消防车道，回车场尺寸为 12 m × 13 m

D. 高层厂房周围的环形消防车道有一处与市政道路连通

E. 在一坡地建筑周围设置最大坡度为 5% 的环形消防车道

88. 某建筑高度为 24 m 的商业建筑，中部设置一个面积为 600 m^2、贯穿建筑地上 5 层的中庭，该中庭同时设置线型光束感烟火灾探测器和图像型火灾探测器，中庭的环廊设置点型感烟火灾探测器，环廊与中庭顶部机械排烟设施开启联动触发信号有（　　）。

A. 中庭任一线型光束感烟火灾探测器和任一图像型火灾探测器的报警信号

B. 中庭两个地址线型光束感烟火灾探测器的报警信号

C. 中庭任一线型光束感烟火灾烟探测器与环廊任一点型感烟火灾探测器的报警信号

D. 中庭两个地址图像型火灾探测器的报警信号

E. 环廊任一点型感烟火灾探测器及其相邻商铺内任一火灾探测器的报警信号

89. 某建筑高度为 25 m 的办公建筑，地上部分全部为办公，地下两层为汽车库，建筑内部全部设置自动喷水灭火系统，下列关于该自动喷水灭火系统的做法中，正确的有（　　）。

A. 办公楼层采用玻璃球色标为红色的喷头

B. 办公楼采用边墙型喷头

C. 汽车库内一只喷头的最大保护面积为 11.5 m^2

D. 汽车库采用直立型喷头

E. 办公楼层内一只喷头的最大保护面积为 20.0 m^2

90. 下列关于防火分隔的做法中，正确的有（　　）。

A. 棉纺织厂房在防火墙上设置一宽度为 1.6 m 且耐火极限为 2.0 h 的双扇防火门

B. 5 层宾馆共用一套通风空调系统，在竖向风管与每层水平风管交接处的水平管段上设置防火阀，平时处于常开状态

C. 桶装甲醇仓库采用耐火极限为 4.00 h 的防火墙划分防火分区，防火墙上设置 1 m 宽的甲级防火门

D. 分层商场内防火分区处的一个分隔部位的宽度为 50 m，该分隔部位使用防火卷帘进行分隔的最大宽度为 20 m

E. 可停放 300 辆汽车的地下车库，每 5 个防烟分区共用一套排烟系统，排烟风管穿越防烟分区时设置排烟防火阀

91. 某大型石化储罐区设置外浮顶罐、内浮顶罐、固定顶罐和卧式罐。下列储罐中，储罐的通气管上必须设置阻火器的有（　　）。

A. 储存甘油的地上卧式罐

B. 储存润滑油的地上固定顶罐

C. 储存对二甲苯并采用氮气密封保护系统的内浮顶罐

D. 储存重柴油的地上固定顶罐

E. 储存二硫化碳的覆土式卧式罐

92. 下列关于气体灭火系统操作和控制的说法中，正确的有（　　）。

A. 组合分配系统启动时，选择阀应在容器阀开启后打开

B. 采用气体灭火系统的防护区应选用灵敏度级别高的火灾探测器

C. 自动控制装置应在接到任一火灾信号后联动启动
D. 预制灭火系统应设置自动控制和手动控制两种启动方式
E. 气体灭火系统的操作和控制应包括对防火阀、通风机械、开口封闭装置的联动操作与控制

93. 下列设置位于人防工程内的场所中，其疏散门应采用甲级防火门的有（　　）。
A. 厨房
B. 消防控制室
C. 柴油发电机的储油间
D. 歌舞厅
E. 消防水泵房

94. 下列关于火灾声警报器的说法中，正确的有（　　）。
A. 火灾自动报警系统能同时启动和停止所有火灾声警报器工作
B. 火灾声警报器采用火灾报警控制器控制
C. 火灾声警报与消防应急广播同步播放
D. 学校阅览室、礼堂等公共场所采用具有同一种火灾变调声的火灾声警报器
E. 教学楼使用警铃作为火灾声警报器

95. 某工厂的一座大豆油浸出厂房，其周边布置有二级耐火等级的多个建筑以及储油罐，下列关于该浸出厂房与周边建（构）筑物防火间距的做法中，正确的有（　　）。
A. 与大豆预处理厂房（建筑高度 27 m）的防火间距 12 m
B. 与燃煤锅炉房（建筑高度 7.5 m）的防火间距 25 m
C. 与豆粕脱溶烘干厂房（建筑高度 15 m）的防火间距 10 m
D. 与油脂精炼厂房（建筑高度 21 m）的防火间距 12 m
E. 与溶剂油储罐（钢制，容量 20 m^3）的防火间距 15 m

96. 导致高层建筑火灾烟气快速蔓延的主要因素包括（　　）。
A. 热浮力
B. 建筑物的高度
C. 风压
D. 建筑物的楼层面积
E. 建筑的室内外温差

97. 下列关于建筑中疏散门的设置中，正确的有（　　）。
A. 建筑高度为 31.5 m 的办公楼，封闭楼梯间在每层均设置甲级防火门并向疏散方向开启，防火门完全开启时不减少楼梯平台的有效宽度
B. 宾馆首层大堂面积为 480 m^2，在南北两面均设置 1 个净宽 1.8 m 并双向开启的普通玻璃外门和 1 个直径 3 m 的转门
C. 建筑面积为 360 m^2 的单层制氧机房，设置 2 个净宽 1.4 m 的外开门
D. 位于走道两侧的教室，每间教室的建筑面积为 120 m^2，核定人数 70 人，设置 2 个净宽为 1.2 m 并向教室内开启的门
E. 建筑面积为 1 500 m^2 的单层轮胎仓库，在墙的外侧设置 2 个净宽 4 m 的推拉门

98. 某建筑高度为 28.5 m 的电信大楼，每层建筑面积为 2 000 m^2，设置火灾自动报

警系统和自动灭火系统等，下列关于该建筑有窗办公室内部装修的做法中，正确的有（　　）。

A. 墙面采用彩色阻燃人造板装修

B. 地面铺装硬质 PVC 塑料地板

C. 窗帘采用阻燃处理的难燃织物

D. 顶棚采用难燃胶合板装修

E. 隔断采用复合壁纸装修

99. 下列关于消防水泵选用的说法中，正确的有（　　）。

A. 柴油机消防水泵应采用火花塞点火型柴油机

B. 消防水泵流量扬程性能曲线应平滑，无拐点，无驼峰

C. 消防给水同一泵组的消防水泵型号应一致，且工作泵不宜超过 5 台

D. 消防水泵泵轴的密封方式和材料应满足消防水泵在最低流量时运转的要求

E. 电动机驱动的消防水泵，应选择电动机干式安装的消防水泵

100. 火灾风险评估中采用事件树分析法分析时，确定初始事件的方法有（　　）。

A. 根据系统设计确定

B. 根据系统危险性评价确定

C. 根据系统运行经验或事故经验确定

D. 根据系统事故树分析，从其中间事件或初始事件中选择

E. 根据结果事件确定

消防安全技术实务
模拟测试（五）

一、单项选择题（共 80 题，每题 1 分。每题的备选项中，只有 1 个最符合题意）

1. 对于原油储罐，当罐内原油发生燃烧时，不会产生（　　）。

A. 闪燃　　B. 热波　　C. 蒸发燃烧　　D. 阴燃

2. 汽油闪点低，易挥发，流动性好，存有汽油的储罐受热不会发生（　　）现象。

A. 蒸气燃烧及爆炸　　B. 容器爆炸

C. 泄漏产生流淌火　　D. 沸溢和喷溅

3. 根据《建筑材料及制品燃烧性能分级》（GB 8624），建筑材料及制品燃烧性能等级标识 GB 8624 B_1（B-s1，d0，t1）中，t1 表示（　　）等级。

A. 烟气毒性　　B. 燃烧滴落物 / 颗粒

C. 产烟特性　　D. 燃烧持续时间

4. 下列关于耐火极限判定条件的说法中，错误的是（　　）。

A. 如果试件失去承载能力，则自动认为试件的隔热性和完整性不符合要求

B. 如果试件的完整性被破坏，则自动认为试件的隔热性不符合要求

C. 如果试件的隔热性被破坏，则自动认为试件的完整性不符合要求

D. A 类防火门的耐火极限应以耐火完整性和隔热性作为判定条件

5. 某独立建造且建筑面积为 260 m^2 的甲类单层厂房，其耐火等级最低可采用（　　）。

A. 一级　　B. 二级　　C. 三级　　D. 四级

6. 某机械加工厂所在地区的最小频率风向为西南风，最大频率风向为西北风，在厂区内新建一座总储量 15 t 的电石仓库。该电石仓库的下列选址中符合防火要求的是（　　）。

A. 生产区内的西南角，靠近需要电石的戊类厂房附近地势比较低的位置

B. 辅助生产区内的东南角，地势比较低的位置

C. 储存区内的东北角，地势比较高的位置

D. 生产区内的东北角，靠近需要电石的戊类厂房附近地势比较低的位置

7. 某多层砖木结构古建筑，砖墙承重，四坡木结构屋顶，其东侧与一座多层的平屋面

钢筋混凝土结构办公楼（外墙上没有凸出结构）相邻。该办公楼相邻侧外墙与该古建筑东侧的基础、外墙面、檐口和屋脊的最低水平距离分别是 11 m、12 m、10 m 和 14 m。该办公楼与该古建筑的防火间距应认定为（　　）m。

A. 10　　B. 11　　C. 12　　D. 14

8. 对于石油化工企业，下列可燃气体、可燃液体设备的安全阀出口连接方式中，不符合规范要求的是（　　）。

A. 泄放可能携带液滴的可燃气体应接至火炬系统

B. 可燃液体设备的安全阀出口泄放管应接入储罐或其他容器

C. 泄放后可能立即燃烧的可燃气体应经冷却后接至放空设施

D. 可燃气体设备的安全阀出口泄放管应接至火炬系统或其他安全泄放设施

9. 某储存汽油、轻石脑油的储罐区，采用内浮顶罐，储罐上所设置的固定式泡沫灭火系统的泡沫混合液供给强度为 12.5 L/（min · m^2），连续供给时间不应小于（　　）min。

A. 25　　B. 30　　C. 40　　D. 45

10. 下列关于建筑防爆的基本措施中，不属于减轻性技术措施的是（　　）。

A. 设置防爆墙　　B. 设置泄压面积

C. 采用不发火花的地面　　D. 采用合理的平面布置

11. 下列关于汽车加油加气站的消防设施设置和灭火器材配置的说法中，错误的是（　　）。

A. 加气机应配置手提式干粉灭火器

B. 合建站中地上 LPG 设施应设置消防给水系统

C. 二级加油站应配置灭火毯 3 块、沙子 2 m^3

D. 合建站中地上 LNG 储罐总容积不大于 60 m^3 可不设置消防给水系统

12. 某二级耐火等级且设置自动喷水灭火系统的旅馆，建筑高度为 23.2 m。“一”字形疏散内走道的东、西两端外墙上均设置采光、通风窗，在走道的两端各设置了一座疏散楼梯间，其中一座紧靠东侧外墙，另一座与西侧外墙有一定距离。建筑在该走道西侧尽端的房间门与最近一座疏散楼梯间入口门的允许最大直线距离为（　　）m。

A. 15　　B. 20　　C. 22　　D. 27.5

13. 下列关于室外消火栓设置的说法中，错误的是（　　）。

A. 室外消火栓应集中布置在建筑消防扑救面一侧，且不少于 2 个

B. 室外消火栓的保护半径不应大于 150 m

C. 地下民用建筑应在出入口附近设置室外消火栓，且距离出入口不宜小于 5 m，不宜大于 40 m

D. 停车场的室外消火栓与最近一排汽车的距离不宜小于 7 m

14. 关于建筑防火分隔的做法中，错误的是（　　）。

A. 卡拉 OK 厅各厅室之间采用耐火极限为 2.00 h 的防火隔墙和 1.50 h 的不燃性楼板和乙级防火门分隔

B. 柴油发电机房内的储油间（柴油储量为 0.8 m^3）。采用耐火极限为 2.50 h 的防火隔墙和 1.50 h 的不燃性楼板和甲级防火门与其他部位分隔

C. 高层住宅建筑下部设置的商业服务网点，采用耐火极限为 2.50 h 且无门、窗、洞口的防火隔墙和 1.50 h 的不燃性楼板与其他部位分隔

D. 医院病房内相邻护理单元之间采用耐火极限为 2.00 h 的防火隔墙和乙级防火门分隔

15. 下列灭火器中，灭火剂的灭火机理为化学抑制作用的是（　　）。

A. 泡沫灭火器　　B. 二氧化碳灭火器

C. 水基型灭火器　　D. 干粉灭火器

16. 某大型钢铁企业设置了预制干粉灭火装置。下列关于该装置设置要求的说法中，正确的是（　　）。

A. 一个防护区或保护对象所用预制干粉灭火装置最多不得超过 4 套，并应同时启动，其动作响应时间差不得大于 4 s

B. 一个防护区或保护对象所用预制干粉灭火装置最多不得超过 8 套，并应同时启动，其动作响应时间差不得大于 2 s

C. 一个防护区或保护对象所用预制干粉灭火装置最多不得超过 8 套，并应同时启动，其动作响应时间差不得大于 4 s

D. 一个防护区或保护对象所用预制干粉灭火装置最多不得超过 4 套，并应同时启动，其动作响应时间差不得大于 2 s

17. 下列关于自动喷水灭火系统的说法中，错误的是（　　）。

A. 雨淋系统与预作用系统均应采用开式洒水喷头

B. 干式系统和预作用系统的配水管道应设置快速排气阀

C. 雨淋系统应能由配套的火灾自动报警系统或传动管控制并启动雨淋报警阀

D. 预作用系统应由火灾自动报警系统自动开启雨淋报警阀，并转换为湿式系统

18. 下列火灾中，可以采用 IG–541 混合气体灭火剂扑救的是（　　）。

A. 硝化纤维、硝酸钠火灾　　B. 精密仪器火灾

C. 钾、钠、镁火灾　　D. 联胺火灾

19. 某火力发电厂输煤栈桥输送皮带总长 405 m，采用水喷雾灭火系统保护时，该输煤栈桥最多可划分为（　　）段分段进行保护。

A. 5　　B. 4　　C. 6　　D. 7

20. 某大型城市综合体中的变配电间、计算机主机房、通信设备间等场所内设置了组合分配式七氟丙烷气体灭火系统。下列关于该系统组件的说法中，错误的是（　　）。

A. 集流管应设置安全泄压装置

B. 选择阀的公称直径应与其对应的防护区灭火系统的主管道公称直径相同

C. 输送启动气体的管道宜采用铜管

D. 输送气体灭火剂的管道必须采用不锈钢管

21. 某建筑高度为 300 m 的办公建筑，首层室内地面标高为 ±0.000 m，消防车登高操作场地的地面标高为 –0.600 m，首层层高为 6.0 m，地上其余楼层的层高均为 4.8 m。下列关于该建筑避难层的做法中，错误的是（　　）。

A. 第二个避难层与第一个避难层相距 10 层设置

B. 第一个避难层的避难净面积按其担负的避难人数乘以 0.25 m^2/ 人计算确定

C. 将第一个避难层设置在第十二层

D. 第二个避难层的避难净面积按其负担的避难人数乘以 0.2 m^2/ 人计算确定

22. 下列关于与基层墙体、装饰层之间无空腔且每层设置防火隔离带的建筑外墙外保温系统的做法中，错误的是（　　）。

A. 建筑高度为 23.8 m 的住宅建筑，采用 B_2 级保温材料，外墙上门、窗的耐火完整性为 0.25 h

B. 建筑高度为 48 m 的办公建筑，采用 B_1 级保温材料，外墙上门、窗的耐火完整性为 0.5 h

C. 建筑高度为 70 m 的住宅建筑，采用 B_1 级保温材料，外墙上门、窗的耐火完整性为 0.5 h

D. 建筑高度为 23.8 m 的办公建筑，采用 B_1 级保温材料，外墙上门、窗的耐火完整性为 0.25 h

23. 某通信机房设置七氟丙烷预制灭火系统，该系统应有（　　）种启动方式。

A. 1　　B. 2　　C. 3　　D. 4

24. 在对可燃纤维织物加工车间配置灭火器时，除水基型灭火器外，下列灭火器中，应选择（　　）。

A. 轻水泡沫灭火器　　B. 卤代烷灭火器

C. 二氧化碳灭火器　　D. 碳酸氢钠干粉灭火器

25. 下列关于建筑供暖系统防火防爆的做法中，错误的是（　　）。

A. 生产过程中散发二氧化碳气体的厂房，冬季采用热风供暖，回分经净化除尘在加热后配部分新风送入送风系统

B. 甲醇合成厂房采用热水循环供暖，散热器表面的平均温度为 90℃

C. 面粉加工厂的碾磨车间采用热水循环供暖，散热器表面的最高温度为 82.5℃

D. 铝合金汽车轮胎毂的抛光车间采用热水循环供暖，散热器表面的平均温度为 80℃

26. 在有结构梁凸出的顶棚上设置的点型感烟火灾探测器，当梁间净距小于（　　）m 时，可忽略梁对探测器保护面积的影响。

A. 2　　B. 3　　C. 4　　D. 1

27. 下列关于储罐区和工艺装置区室外消火栓设置的说法中，错误的是（　　）。

A. 可燃液体储罐区的室外消火栓，应设置在防火堤外，距离罐壁 15 m 范围内的消火栓不应计入该储罐可使用的消火栓数量

B. 采用临时高压消防给水系统的工艺装置区，室外消火栓的间距不应大于 60 m

C. 采用高压消防给水系统且宽度大于 120 m 的工艺装置区，宜在该工艺装置区内的路边设置室外消火栓

D. 液化烃储罐区的室外消火栓，应设置在防护墙外，距离罐壁 15 m 范围内的消火栓可计入该罐可使用的消火栓数量

28. 洁净厂房内洁净室和疏散走道的顶棚的耐火极限分别不应低于（　　）。

A. 0.25 h 和 1.0 h　　B. 0.4 h 和 1.0 h

C. 0.5 h 和 0.5 h　　D. 1.0 h 和 0.5 h

29. 根据《地铁设计规范》（GB 50157），下列关于地铁车站排烟风机耐高温性能的说法中，错误的是（　　）。

A. 地上设备与管理用房，排烟风机应保证在 280℃时能连续有效工作 0.5 h

B. 地下车站公共区，排烟风机应保证在 250℃时能连续有效工作 1 h

C. 区间隧道，排烟风机应保证在 250℃时能连续有效工作 1 h

D. 高架车站公共区，排烟风机应保证在 280℃时能连续有效工作 1 h

30. 下列关于水喷雾灭火系统水雾喷头选型和设置要求的说法中，错误的是（　　）。

A. 扑救电气火灾应选用离心雾化型水雾喷头

B. 室内散发粉尘的场所设置的水雾喷头应带防尘帽

C. 保护可燃气体储罐时，水雾喷头距离保护储罐外壁不应大于 0.7 m

D. 保护油浸式变压器时，水雾喷头之间的水平距离与垂直距离不应大于 1.2 m

31. 某集成电路工厂新建一个化学清洗间，建筑面积为 100 m^2，设置一个安全出口，清洗作业使用火灾危险性为甲类的易燃液体，该清洗间同一时间内清洗操作人员不应该超过（　　）人。

A. 10　　B. 5　　C. 15　　D. 20

32. 在某商业建筑内的疏散走道上设置的防火卷帘，其联动控制程序应是（　　）。

A. 专门用于联动防火卷帘的感烟火灾探测器动作后，防火卷帘下降到楼板面 1.8 m 处；专门用于联动防火卷帘的感温火灾探测器动作后，防火卷帘下降到楼板面

B. 专门用于联动防火卷帘的感温火灾探测器动作后，防火卷帘下降到楼板面 1.8 m 处；专门用于联动防火卷帘的感烟火灾探测器动作后，防火卷帘下降到楼板面

C. 专门用于联动防火卷帘的感烟火灾探测器动作后，防火卷帘下降到楼板面 1.5 m 处；专门用于联动防火卷帘的感温火灾探测器动作后，防火卷帘下降到楼板面

D. 专门用于联动防火卷帘的感温火灾探测器动作后，防火卷帘下降到楼板面 1.5 m 处；专门用于联动防火卷帘的感烟火灾探测器动作后，防火卷帘下降到楼板面

33. 水喷雾灭火系统的水雾喷头使水从连续的水流状态分解转变成不连续的细小水雾滴喷射出来，因此它具有较高的电绝缘性能和良好的灭火性能。下列不属于水喷雾灭火机理的是（　　）。

A. 冷却　　B. 隔离　　C. 窒息　　D. 乳化

34. 某通信楼，设置 IG-541 管网灭火系统，该系统的机械应急操作装置设在（　　）。

A. 防护区内

B. 消防控制室内

C. 储瓶间内或防护区外便于操作的地方

D. 防护区泄压口处

35. 设置湿式自动喷水灭火系统的房间，起火时喷头动作喷水，水流指示器动作并报警，报警阀动作，延迟器充水，启泵装置动作报警并直接启动消防水泵，该系统应选择的启泵装置是（　　）。

A. 压力开关　　B. 电接点压力表

C. 流量开关　　D. 水位仪

36. 某建筑高度应为 38 m 且设有消防电梯的 5 层针织品生产厂房，耐火等级为一级，每层建筑面积为 5 000 m^2。消防电梯与疏散楼梯间合用前室。下列做法中错误的是（　　）。

A. 设置 2 台消防电梯

B. 前室的使用面积为 12 m^2

C. 消防电梯兼做员工电梯

D. 在前室入口处设置耐火极限为 3.00 h 的防火卷帘

37. 某城市新建一条地铁路线，其中有多个多线换乘车站。根据《地铁设计规范》（GB 50157）的规定，地下换乘站共用一个公共站厅时，站厅公共区的面积不应大于（　　）m^2。

A. 2 000　　B. 5 000　　C. 3 000　　D. 4 000

38. 下列建筑中，室内采用临时高压消防给水系统时，必须设置高位消防水箱的建筑是（　　）。

A. 建筑面积为 5 000 m^2 的单层丙类厂房

B. 建筑面积为 40 000 m^2 的 4 层丁类厂房

C. 建筑面积为 5 000 m^2 的 2 层办公楼

D. 建筑面积为 30 000 m^2 的 3 层商业中心

39. 根据《火灾自动报警系统设计规范》（GB 50116）的规定，火灾自动报警系统的形式可分为区域报警系统、集中报警系统和（　　）。

A. 消防联动报警系统　　B. 火灾探测报警系统

C. 控制中心报警系统　　D. 集中区域报警系统

40. 在标准耐火试验条件下，对墙体进行耐火极限试验，试验记录显示该墙体在受火作用至 0.50 h 时粉刷层开始脱落，受火作用至 1.00 h 时背火面的温度超过规定值，受火作用至 1.20 h 时出现了穿透裂缝，受火作用至 1.50 h 时墙体开始垮塌。该墙体的耐火极限是（　　）h。

A. 1.0　　B. 0.5　　C. 1.2　　D. 1.5

41. 基于细水雾灭火系统的灭火原理，下列场所中，细水雾灭火系统不适用于扑救的是（　　）。

A. 电缆夹层　　B. 柴油发电机

C. 锅炉房　　D. 电石仓库

42. 某加油站设置了 1 个容积为 30 m^3 的 93# 汽油罐，1 个容积为 30 m^3 的 95# 汽油罐，1 个容积为 20 m^3 的 97# 汽油罐，1 个容积为 50 m^3 的柴油罐。按照《汽油加油加气站设计与施工规范》（GB 50156）的规定，该加油站的等级应是（　　）。

A. 一级　　B. 三级　　C. 四级　　D. 二级

43. 下列关于干粉灭火系统组件及其设置要求的说法中，正确的是（　　）。

A. 储存装置的驱动气体应采用压缩空气

B. 储存装置可设在耐火等级为三级的房间内

C. 干粉储存容器的设计压力可取 1.6 MPa 或 2.5 MPa 压力级

D. 驱动压力应大于储存容器的最高工作压力

44. 某商业建筑，地上 4 层、地下 2 层，耐火等级为一级，建筑高度为 20.6 m，地上各层为百货、小商品和餐饮，地下一层为超市，地下二层为汽车库。地下一层设计疏散人数为 1 500 人，地上一层至三层每层设计疏散人数为 2 000 人，四层设计疏散人数为 1 800 人。地上一至三层疏散楼梯的最小总净宽度应是（　　）m。

A. 13　　B. 15　　C. 20　　D. 18

45. 某高层办公楼的柴油发电机房设置了水喷雾灭火系统，该系统水雾喷头的灭火工作压力不应小于（　　）MPa。

A. 0.05　　B. 0.10　　C. 0.2　　D. 0.35

46. 某一类高层办公楼的自备柴油发电机房，设置电动启动雨淋阀组的水喷雾灭火系统保护，当该系统的火灾探测装置动作后，打开雨淋报警阀组，压力开关动作，联锁启动消防水泵，水雾喷头灭火。该系统采用的火灾探测装置应是（　　）。

A. 气动传动管探测装置　　B. 液动传动管探测装置

C. 感烟感温火灾探测装置　　D. 闭式喷头驱动传动管探测装置

47. 下列场所中，消防用电应按一级负荷供电的是（　　）。

A. 座位数超过 3 000 个的体育馆　　B. 建筑高度为 40 m 的丙类仓库

C. 建筑高度为 30 m 的乙类生产厂房　　D. 建筑高度为 55 m 的住宅建筑

48. 某二级耐火等级的单层家具生产厂房，屋顶承重构件为钢结构，当采用防火涂料对该屋顶承重构件进行防火保护时，其耐火极限不应小于（　　）h。

A. 0.5　　B. 1.0　　C. 1.5　　D. 2.0

49. 燃煤发电厂的碎煤机房设置照明灯具时，应选择（　　）灯具。

A. 外壳保护型　　B. 隔爆型　　C. 增安型　　D. 充砂型

50. 根据《人民防空工程设计防火规范》（GB 50089）的规定，人防工程设置有火灾自动报警系统和自动灭火系统时，人防工程中电影院的观众厅一个防火分区允许最大建筑面积为（　　）m^2。

A. 500　　B. 1 000　　C. 1 500　　D. 2 000

51. 某建筑采用临时高压消防给水系统，经计算消防水泵设计扬程为 0.9 MPa。选择消防水泵时，消防水泵零流量时的压力应在（　　）MPa 之间。

A. 0.90 ~ 1.08　　B. 1.26 ~ 1.35

C. 1.26 ~ 1.44　　D. 1.08 ~ 1.26

52. 自动喷水灭火系统设置场所的危险等级应根据建筑规模、高度以及火灾危险性、火灾荷载和保护对象的特点等确定，下列建筑中自动喷水灭火系统设置场所的火灾危害等级为中危险级Ⅰ级的是（　　）。

A. 建筑高度为 50 m 的办公楼　　B. 建筑高度为 23 m 的四星级旅馆

C. 2 000 个座位剧场的舞台　　D. 总建筑面积 5 600 m^2 的商场

53. 某地区有一条城市交通隧道，长度 1 500 m，按照防火规范要求，隧道内设置了各种消防设施，下列关于隧道设置机械排烟系统的说法中，正确的是（　　）。

A. 采用纵向排烟方式时，排烟风速纵向气流的速度不应小于 2 m/s

B. 排烟风机应能在 280℃下连续正常运行不小于 2.0 h

C. 排烟管道的耐火极限不应低于 2.00 h

D. 机械排烟系统与隧道的通风系统应共用

54. 在火焰中被燃烧，一定时间内仍能正常运行的电缆是（　　）。

A. 一般阻燃电缆　　B. 低烟无卤阻燃电缆

C. 无卤素阻燃电缆　　D. 耐火电缆

55. 在环境温度低于 4℃的地区，建设一座地下车库，采用干式自动喷火灭火系统保护，系统的设计参数按照火灾危险等级的中危险级Ⅱ级判断，其作用面积不应小于（　　）m^2。

A. 160　　B. 208　　C. 192　　D. 206

56. 感烟火灾探测器是响应悬浮在空气中的燃烧和（或）热解产生的固体或液体微粒的探测器，可分为离子感烟、红外光束感烟、吸气型和（　　）等探测器。

A. 火焰探测　　B. 光电感烟

C. 光纤感烟　　D. 缆式线型探测

57. 某商业综合体建筑，其办公区、酒店区、商业区分别设置消防控制室，并将办公区的消防控制室作为主消防控制室，其他两个作为分消防控制室。下列关于各分消防控制室内的消防设备之间的关系的说法，正确的是（　　）。

A. 不可以相互传输、显示状态信息，不应互相控制

B. 不可以相互传输、显示状态信息，但应互相控制

C. 可以相互传输、显示状态信息，也应互相控制

D. 可以相互传输，显示状态信息，但不应相互控制

58. 某工厂有一座建筑高度为 21 m 的丙类生产厂房，耐火等级为二级。现要在旁边新建一座耐火等级为二级、建筑高度为 15 m、屋顶耐火极限不低于 1.00 h 且屋面无天窗的丁类生产厂房。如该丁类生产厂房与丙类生产厂房相邻一侧的外墙采用无任何开口的防火墙，则之间的防火间距不应小于（　　）m。

A. 10　　B. 3.5　　C. 4　　D. 6

59. 某储罐区有 4 个固定顶轻柴油储罐，单罐容积为 2 000 m^3，设置了低倍数泡沫灭火系统，该泡沫灭火系统的设计保护面积应按（　　）确定。

A. 储罐罐壁与泡沫堰板间的环形面积　　B. 储罐表面积

C. 储罐横截面积　　D. 防火堤内的地面面积

60. 某高度为 120 m 的高层办公楼，其消防应急照明备用电源的连续供电时间不应低于（　　）min。

A. 90　　B. 20　　C. 30　　D. 60

61. 根据《建筑设计防火规范》（GB 50016）的规定，使用或产生下列物质生产的火灾危险性特征中，下列不属于生产的火灾危险性类别为甲类的是（　　）。

A. 闪点小于 28℃的液体

B. 爆炸下限小于 12% 的气体

C. 常温下能自行分解或在空气中氧化能导致迅速自燃或爆炸的物质

D. 常温下受到水或空气中水蒸气的作用，能产生可燃气体并引起燃烧或爆炸的物质

62. 某施工工地仓库储存有纸面石膏板、壁纸、瓷砖、木工板、泥子粉等装修材料，该仓库的火灾危险性为（　　）。

A. 乙类　　B. 丙类　　C. 丁类　　D. 戊类

63. 根据《建筑设计防火规范》（GB 50016）的规定，下列建筑中属于一类高层公共建筑的是（　　）。

A. 某民用建筑 30 层，层高 2.8 m，一层为多家建筑面积 50 m^2 左右的粮店和储蓄所，其余楼层是住宅

B. 某民用建筑，高 54.5 m，一楼设置有 100 m^2 的理发店，二楼是 200 m^2 的百货店，

其余楼层是住宅

C. 某建筑物高 50 m，一楼设置有多家 100 m^2 的便利店和快餐馆，二、三楼是一家 500 m^2 的桑拿洗浴场所，其余楼层是写字楼

D. 某建筑物 8 层，层高 3.5 m，每层建筑面积为 1 500 m^2，1 ~ 3 层是商场，4 ~ 7 层为写字楼，第 8 层为中国电信指挥中心

64. 某商业中心地上 4 层，地下 1 层，耐火等级一级，建筑屋面为坡屋面，首层地面至其檐口的高度为 20 m，檐口至屋脊的高度为 4 m，室外设计地面低于地上一层地面 0.3 m。根据《建筑设计防火规范》（GB 50016）的规定，该建筑高度为（　　）m。

A. 20　　B. 22.3　　C. 22　　D. 24.3

65. 下列关于建筑材料、建筑构件燃烧性能叙述中，错误的是（　　）。

A. 按照《建筑材料及制品燃烧性能分级》（GB 8624）的规定，建筑材料及制品的燃烧性能分为四个等级，分别是不燃材料（制品）、难燃材料（制品）、可燃材料（制品）、易燃材料（制品）

B. 建筑构件通常按其燃烧性能分为不燃性、难燃性、可燃性

C. 用燃烧性材料做成而用非燃烧性材料做保护层的构件为可燃性构件

D. 用燃烧性材料做成的构件统称为可燃性构件

66. 某木结构建筑的厂房共有 2 层，建筑耐火等级三级，其中第一层约有工作人员 150 人，第二层约有 200 人，根据《建筑设计防火规范》（GB 50016）的规定，首层需要设置安全出口的最小净宽度为（　　）m。

A. 1.2　　B. 1.5　　C. 1.8　　D. 2.0

67. 某市拟建一城市交通隧道，设计隧道内附设地下设备用房，平时较少有人员出入，该场所每个防火分区的最大允许建筑面积不应大于（　　）m^2。

A. 1 000　　B. 1 500　　C. 2 000　　D. 2 500

68. 2014 年某市商业区一商场发生火灾，造成重大财产损失。经调查，造成火灾迅速蔓延的原因之一是位于着火层的防火卷帘损坏未能动作。通常，按照消防设施的分类，防火卷帘属于（　　）。

A. 防火分隔设施　　B. 安全疏散设施

C. 防烟与排烟设施　　D. 消防通信设施

69. 某办公楼，地上 5 层，地下 2 层，建筑高度 24 m，每层建筑面积均为 5 200 m^2，建筑耐火等级为二级，采用中央空调调节系统，并设置了自动喷水灭火系统。下列关于该建筑的消防设计中，不符合要求的是（　　）。

A. 首层外门的总宽度不应小于 1.2 m

B. 该建筑地下的疏散楼梯可采用封闭楼梯间，也可采用防烟楼梯间

C. 每层中，位于两个安全出口之间的办公室门至最近安全出口的直线距离为 50 m

D. 地下一层的主要使用功能为办公室，可以使用 5 kgABC 干粉灭火器

70. 下列关于消防车道设置要求、技术要求表述正确的是（　　）。

A. 消防车道一般按单行线考虑，为便于消防车顺利通过，消防车道的净宽度和净空高度均不应小于 3 m，消防车道的坡度不宜大于 8%

B. 尽头式车道应根据消防车辆的回转需要设置回车道或回车场。回车场的面积不应小于 11 m × 11 m；对于高层建筑，回车场面积不宜小于 15 m × 15 m

C. 室外消火栓的保护半径在 150 m 左右，按规定一般设在城市道路两旁，故消防车道的间距应为 150 m

D. 当建筑和场所的周边受地形环境条件限制，难以设置环形消防车道或与其他道路连通的消防车道时，可设置尽头式消防车道

71. 火灾风险评估中，依靠人的观察分析能力，借助经验和判断能力进行的评估，称为（　　）。

A. 定量评估　　B. 半定量评估

C. 定性评估　　D. 半定性评估

72. 根据《消防控制室通用技术要求》（GB 25506）的规定，单独建造的消防控制室，其耐火等级不应低于（　　）。

A. 一级　　B. 二级　　C. 三级　　D. 四级

73. 通过对火灾案例的总结，将一、二级耐火等级多层民用建筑之间的防火间距定为（　　）m。这主要考虑，通常当防火间距大于该距离时，在有消防救援力量进行扑救的情况下，火势不易蔓延到相邻建筑物。

A. 5　　B. 6　　C. 7　　D. 8

74. 根据《建筑设计防火规范》（GB 50016）的规定，下列关于厂房防火间距说法错误的是（　　）。

A. 乙类厂房与二类高层民用建筑的防火间距不应小于 50 m

B. 甲类厂房与重要公共建筑的防火间距不应小于 50 m

C. 耐火等级低于四级的既有厂房，其耐火等级可按四级确定

D. 两座厂房相邻较高一面外墙为防火墙，其防火间距不限，但甲类厂房之间不应小于 5 m

75. 某人防工程设置在地下一层，其室内地面与室外出入口地面的高差为 8 m。下列场所中，不能设置在该人防工程内的是（　　）。

A. 歌舞娱乐放映游艺场所　　B. 医院病房

C. 儿童游乐厅　　D. 百货商店

76. 根据《建筑设计防火规范》（GB 50016）的规定，民用建筑下列哪些部位应设置疏散应急照明灯具（　　）。

A. 建筑面积为 80 m^2 的地下公共活动场所

B. 建筑面积为 150 m^2 的餐厅

C. 建筑高度为 15 m 的 5 层住宅楼内的楼梯间

D. 建筑高度为 23 m 的学生宿舍楼内的疏散走道

77. 某大剧院的观众厅，可容纳 3 000 人，根据《建筑设计防火规范》（GB 50016）的规定，该观众厅至少应设置（　　）个安全出口。

A. 7　　B. 9　　C. 11　　D. 13

78. 根据《建筑设计防火规范》（GB 50016）的规定，当民用建筑内局部设置自动灭火系统时，下列关于其防火分区最大允许建筑面积说法正确的是（　　）。

A. 防火分区最大允许建筑面积保持不变

B. 防火分区最大允许建筑面积根据使用性质相应增加

C. 设置自动灭火系统的局部区域防火分区的面积可增大 1 倍

D. 整个建筑防火分区面积可增大 1 倍

79. 某建筑高度为 23.4 m 框架结构教学楼，建筑耐火等级为二级，在教学楼走廊两端尽头和建筑中部设置 3 部封闭楼梯间，则该教学楼四楼某教室房门距离最近安全出口的最大距离不应超过（　　）m。

A. 25　　B. 30　　C. 35　　D. 40

80. 某高层旅馆，建筑耐火等级二级，内部全部设置自动喷水灭火系统，根据《建筑设计防火规范》（GB 50016）的规定，该建筑内，房间内任一点至该房间直通疏散走道的疏散门的距离不应大于（　　）m。

A. 25　　B. 20.5　　C. 18.75　　D. 15

二、多项选择题（共 20 题，每题 2 分。每题的备选项中，有 2 个或 2 个以上符合题意，至少有 1 个错项。错选，本题不得分；少选，所选的每个选项得 0.5 分）

81. 下列几类可燃气体在空气中的爆炸极限如表所示，其中使用或生产相应气体场所的火灾危险性为乙类的是（　　）。

物质名称	下限	上限	物质名称	下限	上限
氨气	15.0%	28.0%	一氧化碳	12.5%	74%
甲烷	5%	15%	乙烷	3.0%	12.5%
丙烯	2%	11%			

A. 氨气　　B. 一氧化碳

C. 甲烷　　D. 乙烷

E. 丙烯

82. 下列关于划分防火分区论述中，正确的是（　　）。

A. 同一建筑物内，不同的危险区域之间、不同用户之间、办公用房和生产车间之间，

应进行防火分隔处理

B. 作为避难通道使用的楼梯间、前室和具有避难功能的走廊，必须受到完全保护，保证其不受火灾侵害并畅通无阻

C. 一级耐火等级建筑中的各种竖向井道，如电缆井、管道井等，其本身应是独立的防火单元，应保证井道外部火灾不扩大到井道内部，井道内部火灾也不蔓延到井道外部

D. 有特殊防火要求的建筑，在防火分区内应设置更小的防火区域

E. 高层建筑在垂直方向，一般以每个楼层为单元划分防火分区

83. 根据《建筑设计防火规范》(GB 50016)的规定，下列关于爆炸危险性厂房、库房的布置，说法不正确的是（　　）。

A. 有爆炸危险的厂房平面布置最好采用矩形，与主导风向应垂直或夹角不小于60°，以有效利用穿堂风吹散爆炸性气体，在山区宜布置在迎风山坡一面且通风良好的地方

B. 有爆炸危险的甲、乙类厂房、库房宜独立设置，并宜采用封闭式或半封闭式，其承重结构宜采用钢筋混凝土或钢框架、排架结构

C. 防爆厂房宜单独设置，如必须与非防爆厂房贴邻时，只能一面贴邻，并在两者之间用防火墙或防爆墙隔开。相邻两个厂房之间应有直接门相通，以减少爆炸冲击波的影响

D. 有爆炸危险的厂房、库房与周围建筑物、构筑物应保持一定的防火间距

E. 有爆炸危险的甲、乙类生产场所及仓库，不应设置在地下或半地下

84. 下列电线电缆中，适用于工业及民用建筑的消防系统、应急照明系统、救生系统、报警及重要的监测回路的是（　　）。

A. 聚氯乙烯电线电缆　　B. 橡胶电线电缆

C. 无卤阻燃电缆　　D. 无机型耐火电线电缆

E. 矿物绝缘电缆

85. 在建筑防爆技术措施的应用方面，下列不属于减轻性技术措施的是（　　）。

A. 消除或控制能引起爆炸的各种火源

B. 采取泄压措施

C. 采用抗爆性能良好的建筑结构体系

D. 采取合理的建筑布置

E. 排除能引起爆炸的各类可燃物质

86. 下列关于建筑内部装修材料防火要求叙述，正确的是（　　）。

A. 疏散走道和安全出口门厅的顶棚应采用A级装修材料，其他装修应采用不低于B_1级的装修材料。

B. 建筑内划分防烟分区所使用的挡烟垂壁，其装修材料应采用A级装修材料

C. 消防控制室的顶棚和墙面应使用不低于B_1级装修材料，地面及其他装修应采用A级装修材料

D. 建筑内部的配电箱不应直接安装在低于B_1级的装修材料上

E. 无自然采光楼梯间、封闭楼梯间、防烟楼梯间的顶棚、墙面和地面应采用不低于

B_1 级装修材料

87. 某商务办公楼，共 5 层，层高 4 m，每层建筑面积为 1 000 m^2，设有自动喷水灭火系统，喷头间距为 2.8 m。室内装设网格类吊顶，通透面积占吊顶总面积的 80%。下列关于自动喷水灭火系统设计的说法中，正确的是（　　）。

A. 喷头应设置在吊顶上方

B. 吊顶开口部位的净宽度不应小于 10 mm

C. 喷头应设置在吊顶下方

D. 开口部位的厚度不应大于开口的最小宽度

E. 喷头溅水盘与吊顶上表面的距离为 400 mm

88. 根据《消防给水及消火栓系统技术规范》（GB 50974）的规定，下列可不设置备用消防泵的情形是（　　）。

A. 建筑高度小于 54 m 的住宅

B. 室外消防给水设计流量为 20 L/s 的建筑

C. 室内消防给水设计流量不大于 10 L/s 的建筑

D. 一类高层公共建筑

E. 超过 1 200 个座位的礼堂

89. 按照灭火器配置场所危险等级划分，下列属于中危险级的是（　　）。

A. 电影摄影棚

B. 专用电子计算机房

C. 机场检票厅

D. 大型超市

E. 普通住宅

90. 下列关于气体灭火系统操作和控制的说法中，正确的有（　　）。

A. 采用气体灭火系统的防护区，应设置火灾自动报警系统

B. 气体灭火防护区内应选用灵敏度级别低的火灾探测器

C. 采用自动控制启动方式时，根据人员安全撤离防护区的需要，应有大于 30 s 的可控延迟喷射

D. 自动控制装置应在接到两个独立的火灾信号后才能启动

E. 手动控制装置和手动与自动转换装置应设在防护区疏散出口的门外便于操作的地方，安装高度为中心点距地面 1.5 m

91. 下列关于室内消火栓设置要求的说法中，正确的是（　　）。

A. 室内消火栓的布置应满足同一平面有 2 支消防水枪的 2 股充实水柱同时达到任何部位的要求

B. 同一楼梯间及其附近不同层设置的室内消火栓，其平面布置宜相同

C. 室内消火栓栓口的位置应距地面高度宜为 1.1 m

D. 室内消火栓的栓口出水方向应便于消防水带的敷设，并宜与设置消火栓的墙面平行或成 90°

E. 对于消火栓按 2 支消防水枪的 2 股充实水柱布置的建筑物，消火栓的布置间距不应大于 50 m

92. 下列建筑中，应当设置消防水泵接合器的是（　　）。
A. 建筑高度为 32 m 的住宅建筑
B. 室内消火栓设计流量为 15 L/s 平战结合的人防工程
C. 设有自动喷水灭火系统的建筑
D. 建筑高度为 18 m、层数为三层的厂房
E. 城市交通隧道

93. 火灾风险评估的作用主要体现在以下（　　）方面。
A. 社会化消防工作的基础
B. 公共消防设施建设的基础
C. 重大活动消防安全工作的基础
D. 确定火灾保险费率的基础
E. 消防安全治理的基础

94. 除敞开式汽车库外，下列车库中应设置自动喷水灭火系统的是（　　）。
A. Ⅰ类地上汽车库
B. Ⅱ类地上汽车库
C. Ⅲ类地上汽车库
D. Ⅳ类地上汽车库
E. 停车数为 8 辆的地下汽车库

95. 人防工程中的（　　）等场所应设置火灾自动报警系统。
A. 建筑面积为 1 000 m^2 的地下商店
B. 使用面积 1 500 m^2 的丙类生产车间
C. 建筑面积为 300 m^2 的歌舞厅
D. 建筑面积为 1 000 m^2 的网吧
E. 建筑面积为 500 m^2 的丁类库房

96. 液化石油气加气站和加油加气合建站的紧急切断系统，应在（　　）启动。
A. 距卸车点 5 m 以内
B. 在加气机附近工作人员容易接近的位置
C. 在控制室内
D. 值班室内
E. 加气站外

97. 下列关于古建筑控制火源的防火措施中，正确的是（　　）。
A. 不得在古建筑内使用液化石油气钢瓶，应使用管道天然气
B. 古建筑中不得使用超过 100 W 的白炽灯
C. 古建筑内的电气线路一律采用铜芯绝缘导线
D. 神佛像前的长明灯应设固定的灯座，灯座应为不燃材料

E. 放置香、烛、灯的木制供桌上，应铺盖金属薄板或涂防火材料

98. 消防安全领域通常所说的易燃易爆危险品包括（　　）。

A. 爆炸品
B. 易燃气体
C. 可燃气体
D. 易燃液体
E. 可燃液体

99. 划分防烟分区的构件主要有（　　）。

A. 防火窗
B. 挡烟垂壁
C. 隔墙
D. 防火卷帘
E. 建筑横梁

100. 根据《建筑设计防火规范》（GB 50016）的规定，下列建筑的疏散楼梯，应采用封闭楼梯间或室外楼梯的有（　　）。

A. 地上 6 层，建筑高度为 32 m 的厂房
B. 地上 9 层，建筑高度为 33 m，且任一层人数超过 10 人的厂房
C. 地上 2 层，建筑高度为 9 m 的甲酚厂房
D. 地上 3 层，建筑高度为 15 m 的焦化厂焦油厂房
E. 地上 4 层，建筑高度为 24 m 的金属铆焊厂房

消防安全技术实务
模拟测试（一）参考答案及解析

一、单项选择题（共 80 题，每题 1 分。每题的备选项中，只有 1 个最符合题意）

1. A　报警区域应根据防火分区或楼层划分。可将一个防火分区或一个楼层划分为一个报警区域，也可将发生火灾时需要同时联动消防设备的相邻几个防火分区或楼层划分为一个报警区域。

2. C　下列场所宜选择点型感烟火灾探测器：饭店，旅馆，教学楼，办公楼的厅堂、卧室、办公室、商场等；计算机房、通信机房、电影或电视放映室等；楼梯、走道、电梯机房、车库等；书库、档案库等。

3. D　每个防火分区应设置至少一只手动火灾报警按钮，从一个防火分区内的任何位置到最邻近的手动报警按钮的步行距离不应大于 30 m；区域显示器应设置在出入口等明显和便于操作的部位，当安装在墙上时，其底边距地面高度宜为 1.3 ~ 1.5 m；火灾警报器设置在墙上时，其底边距地面高度应大于 2.2 m；壁挂式扬声器的底边距地面高度应大于 2.2 m。所以选项 D 是正确的。

4. C　疏散通道上的任一侧距卷帘纵深 0.5 ~ 5 m 内应设置不少于两只专门用于联动防火卷帘的感温火灾探测器。

5. C　消防应急照明和疏散指示系统的应急转换时间不应大于 5 s，高危险区域使用系统的应急转换时间不应大于 0.25 s。

6. B　自然排烟窗附近应同时设置便于操作的手动开启装置，手动开启装置距地面高度宜为 1.3 ~ 1.5 m。

7. C　可燃气体探测报警系统是一个独立的子系统，属于火灾预警系统，应独立组成，可燃气体探测器应接入可燃气体报警控制器，不应直接接入火灾报警控制器的探测回路。由可燃气体报警控制器将报警信号传输至消防控制室的图形显示装置或集中火灾报警控制器，其显示应与火灾报警信息有区别。探测气体密度小于空气密度的可燃气体探测器应设置在保护空间的顶部，探测气体密度大于空气密度的可燃气体探测器可设置在保护空间的下部，探测气体密度与空气密度相当的可燃气体探测器可设置在被保护空间的中间部位或顶部。本题中，选项 C 中的液化石油气比空气密度大，可燃气体探测器应安装在保护空间的下部，不可采用壁挂及吸顶安装方式，所以选项 C 是正确的。

8. D 室内或走道的任一点至防烟分区内最近的排烟窗的水平距离不应大于 30 m，当公共建筑室内高度超过 6 m 且具有自然对流条件时，其水平距离可增加 25%。

9. B 消火栓给水系统与自动喷水灭火系统宜分别设置消防泵，当与消火栓系统合用消防水泵时，系统管道应在报警阀前分开。

10. D 当高层建筑最低消火栓栓口处的静水压力不大于 1.0 MPa，或系统工作压力不大于 2.4 MPa 时，可采用不分区消防给水方式。

11. C 油罐中倍数泡沫灭火系统，应选用液上喷射系统。

12. B 应设室内消火栓系统的建筑如下：①建筑占地面积大于 300 m^2 的厂房（仓库）。②体积大于 5 000 m^3 的车站、码头、机场的候车（船、机）楼以及展览建筑、商店建筑、旅馆建筑、医疗建筑和图书馆建筑等单层、多层建筑。③特等、甲等剧场，超过 800 个座位的其他等级的剧场和电影院等，超过 1 200 个座位的礼堂、体育馆等单层、多层建筑。④建筑高度大于 15 m 或体积大于 10 000 m^3 的办公建筑、教学建筑和其他单层、多层民用建筑。⑤高层公共建筑和建筑高度大于 21 m 的住宅建筑。⑥对于建筑高度不大于 27 m 的住宅建筑，当确有困难时，可只设置干式消防竖管和不带消火栓箱的 *DN*65 mm 的室内消火栓。

13. D 安全检查表的编制一般采用经验法和系统安全分析法。

14. B 根据《消防给水及消火栓系统技术规范》（GB 50974），市政消火栓应布置在消防车易于接近的人行道和绿地等地点，且不应妨碍交通；市政消火栓距路边不宜小于 0.5 m，并不应大于 2.0 m，距建筑外墙或外墙边缘不宜小于 5.0 m。

15. A 火灾自动报警系统的供电线路、消防联动控制线路应采用耐火铜芯电线电缆，报警总线、消防应急广播和消防专用电话等传输线路应采用阻燃或阻燃耐火电线电缆。不同电压等级的线缆不应穿入同一根保护管内，当合用同一线槽时，线槽内应有隔板分隔。采用穿管水平敷设时，除报警总线外，不同防火分区的线路不应穿入同一根管内。

16. A ASET 模型属于区域模型，FDS 模型与 SOFIE 模型属于场模型。

17. D 消防控制室内设备面盘前的操作距离，单列布置时不应小于 1.5 m，双列布置时不应小于 2 m；在值班人员经常工作的一面，设备面盘至墙的距离不应小于 3 m；设备面盘后的维修距离不宜小于 1 m；设备面盘的排列长度大于 4 m 时，其两端应设置宽度不小于 1 m 的通道。

18. D 细水雾的灭火机理主要是表面冷却、窒息、辐射热阻隔和浸湿作用。除此之外，细水雾还具有乳化作用。

19. D 根据《泡沫灭火系统设计规范》（GB 50151）的规定，保护非水溶性液体的泡沫—水喷淋系统、泡沫枪系统、泡沫炮系统泡沫液的选择，应符合以下规定：①当采用吸气型泡沫产生装置时，可选用蛋白、氟蛋白、水成膜或成膜氟蛋白泡沫液；②当采用非吸气型喷射装置时，应选用水成膜或成膜氟蛋白泡沫液。

20. D　建筑高度大于 50 m 的乙、丙类厂房和丙类物品库房，乙类高层民用建筑，一级大型石油化工厂，大型钢铁联合企业，大型物流仓库等建筑物的消防用电应按一级负荷供电。选项 A 中金属热处理厂房属于丁类厂房。选项 B 中教材仓库属于丙类物品库房但高度未达到 50 m。选项 C 中建筑高度为 50 m 的住宅属于二类高层民用建筑。选项 D 中建筑高度为 80 m 的写字楼属于乙类高层民用建筑。

21. D　消防水泵压力检测装置的计量精度应为 0.5 级，最大量程 75% 应大于最大一条消防水泵设计压力值的 165%。

22. B　消防水泵、喷淋水泵、水幕泵和消防电梯要由变配电站或主配电室直接出线，采用放射式供电；防烟排烟风机、防火卷帘以及疏散照明可采用放射式或树干式供电。消防水泵、防烟排烟风机及消防电梯的两路低压电源应能在设备机房内自动切换；其他消防设备的电源应能在每个防火分区配电间内自动切换；消防控制室的两路低压电源应能在消防控制室内自动切换。消防负荷的配电线路所设置的保护电器要具有短路保护功能，但不宜设置过载保护装置，如设置只能动作于报警而不能用于切断消防供电。

23. C　在自动喷水灭火系统的分类中，闭式系统包括湿式系统、干式系统、预作用系统、冷却防护系统、自动喷水系统等，开式系统包括雨淋系统、水幕系统等。

24. D　送风机的进风口不应与排烟风机的出风口设在同一层面，当必须设在同一层面时，送风机的进风口与排烟风机的出风口应分开布置。送风口的风速不宜大于 7 m/s。采用机械加压送风的场所不应设置百叶窗，不宜设置可开启外窗。为保证防烟楼梯间及其前室、消防电梯间前室和合用前室的正压值，防止正压值过大而导致疏散门难以推开，应在防烟楼梯间与前室、前室与走道之间应设置余压阀，控制余压阀两侧正压间的压力差不超过 50 Pa。

25. B　从用户信息传输装置获取火灾报警信息到监控中心接收显示的响应时间不大于 20 s。

26. A　消防水泵控制柜设置在专用消防水泵控制室时，其防护等级不应低于 IP30；与消防水泵设置在同一空间时，其防护等级不应低于 IP55。

27. A　根据《建筑设计防火规范》（GB 50016）的规定，建筑内的防烟楼梯间及其前室、消防电梯间前室或合用前室、避难走道的前室、避难层（间）应设置防烟设施。民用建筑中应设置排烟设施的有：设置在一、二、三层且房间建筑面积大于 100 m^2 和设置在四层及以上或地下、半地下的歌舞娱乐放映游艺场所；中庭；公共建筑中建筑面积大于 100 m^2 且经常有人停留的地上房间和建筑面积大于 300 m^2 且可燃物较多的地上房间；建筑中长度大于 20 m 的疏散走道。

28. C　当保护对象为可燃液体时，液面至容器缘口的距离不得小于 150 mm。

29. B　每个报警阀组供水的最高和最低位置喷头的高程差不宜大于 50 m。

30. D　排烟口的设置宜使烟流方向与人员疏散方向相反，排烟口与附近安全出口相邻边缘之间的水平距离不应小于 1.5 m。排烟口的风速不宜大于 10 m/s。当同一分区内设置数个排烟口时，要求做到所有排烟口能同时开启。当吊顶内有可燃物时，吊顶内的排烟管道应采用不燃材料进行隔热，并应与可燃物保持不小于 150 mm 的距离。

31. A　甲醇火灾是极快速 t^2 火。

32. D　消防安全管理水平评估主要包含以下三个方面：①消防管理制度评估；②火灾应急救援预案评估；③消防演练计划评估。

33. A　判断二氧化碳灭火器是否失效一般采用称重法。标准的二氧化碳灭火器每年至少检查一次，低于额定充装量的 95% 就应进行维修。

34. A　同一建筑内设置多个火灾声警报器时，火灾自动报警系统应能同时启动和停止所有火灾声警报器的工作。

35. B　集中电源非集中控制型系统由应急照明集中电源、应急照明分配电装置和消防应急照明灯具组成。

36. D　在火灾危险源中，客观因素主要包括电气引起火灾、易燃易爆物品引起火灾、气象因素引起火灾等；人为因素主要包括用火不慎引起火灾、不安全吸烟引起火灾、人为纵火等。

37. B　根据建筑（区域）风险评估指标的处理方式，风险评估可以分为定性评估、定量评估、半定量评估。

38. D　非水溶性液体的外浮顶储罐，其泡沫混合液的供给强度不应小于 12.5 L/（min · m^2），连续供给时间不应小于 30 min。

39. A　设置气体灭火系统的防护区应设疏散通道和安全出口，保证防护区内所有人员在 30 s 内撤离完毕。

40. C　二氧化碳灭火系统可用于扑救：灭火前可切断气源的气体火灾，液体火灾或石蜡、沥青等可熔化固体火灾；固体表面火灾及棉毛、织物、纸张等部分固体深位火灾，电气火灾。该系统不得用于扑救：硝化纤维、火药等含氧化剂的化学制品火灾，钾、钠、镁、钛、锆等活泼金属火灾，氢化钾、氢化钠等金属氢化物火灾。

41. D　酒精度为 60° 以上的白酒库房的火灾危险等级为严重危险级，酒精度小于 60° 的白酒库房的火灾危险等级为中危险级。本题中的酒库存放的白酒为 52°，所以属于中危险级。根据规定，对于 B、C 类火灾中危险级场所，推车式灭火器的最大保护距离为 24 m。

42. B　建筑高度为 68 m 的住宅建筑属于一类高层住宅。一类高层住宅设置的高位消防水箱的有效容积不应小于 18 m^3 。

43. A　采用非密集柜储存的图书库、资料库和档案库可以选择闭式细水雾系统。

44. B　站台和站厅公共区内任一点到安全出口的距离不应大于 50 m。车站设备与管理用房直接通向疏散走道的疏散门至安全出口的距离，当房间门位于 2 个安全出口之间时，疏散门与最近安全出口的距离不应大于 40 m。车站设备与管理用房直接通向疏散走道的疏散门至安全出口的距离，当房间门位于袋形走道两侧或尽端时，疏散门与最近安全出口的距离不应大于 22 m。当设备与管理用房区的房间单面布置时，疏散通道的宽度不得小于 1.2 m，双面布置时不得小于 1.5 m。

45. A　地下换乘车站当共用一个站厅时，站厅公共区面积不应大于 5 000 m^2。

46. C　修车库每个防火分区的最大允许建筑面积不应大于 2 000 m^2，当修车部位与相邻使用有机溶剂的清洗和喷漆工段采用防火墙分隔时，每个防火分区的最大允许建筑面积不应大于 4 000 m^2。

47. B　一、二级耐火等级的多层汽车库，防火分区最大允许建筑面积为 2 500 m^2，当设有自动灭火系统时，每个防火分区的最大允许建筑面积可按规定的 2.0 倍计算。

48. B　停车数量大于 150 辆且小于等于 300 辆或总建筑面积大于 5 000 m^2 且小于等于 10 000 m^2 的汽车库属于Ⅱ类汽车库。

49. B　放空管一般应设在设备或容器的顶部，室内设备安全放空管应引出室外，其管口要高于附近有人操作的最高设备 2 m 以上。

50. D　根据《消防安全技术实务（2018 年版）》描述，输送可燃气体的管道，应经常保持正压状态；输送气体的压缩机吸入口处应保持余压；粉料输送管道材料应选择导电性材料并可靠接地，如果采用绝缘材料管道，则管外应采取接地措施。因此，选项 A、B、C 均不正确。

51. A　隧道内的消火栓用水量不应小于 20 L/s，隧道外的消火栓用水量不应小于 30 L/s。

52. D　隧道内应设置 ABC 类灭火器，设置点的间距不应大于 100 m。

53. A　信息机房的高低压配电室、变压器室、变频机室、稳压稳频室、发电机房等不能用水扑救的房间，应设置除二氧化碳以外的气体灭火系统。

54. C　当地下商店总建筑面积大于 20 000 m^2 时，应采用防火墙进行分隔，且防火墙上不得开设门窗、洞口，相邻区域确需局部连通时，应采取可靠的防火分隔措施。

55. C　储存丙类可燃固体的库房的防火分区最大允许建筑面积为 300 m^2。当设置有火灾自动报警系统和自动灭火系统时，允许最大建筑面积可增加 1 倍。

56. B　建在森林、郊野的古建筑周围应开辟宽度 30 ~ 50 m 的防火隔离带，并在秋冬季节清除 30 m 范围内的杂草、干枯树枝等可燃物。规模较大的古建筑、确实无法开辟防火间距的，应在不破坏原有格局的基础上，设置防火墙、水幕等防火分隔设施。

57. A　沸溢、喷溅是液体燃烧过程中出现的特殊现象，根据其发生原理，能产生该现象的一般为含有水分、黏度较大的重质石油产品，汽油为轻质油品。

58. B　爆炸分为物理爆炸、化学爆炸和核爆炸。物理爆炸和化学爆炸的区别是爆炸前后物质的化学成分和性质有无改变。可燃粉尘爆炸属于化学爆炸。

59. B　建筑室内火灾发展通常分为三个阶段，即初期增长阶段、充分发展阶段和衰减阶段。题中描述的特征表明是充分发展阶段。

60. C　回燃指当室内通风不良，燃烧处于缺氧状态时，由于氧气的引入导致热烟气发生的爆炸性或快速的燃烧现象。

61. C　根据图示，疏散出口对应的曲线顶点纵坐标值约为 1.3，即通行能力最大时的比流量约为 1.30 人 /（m · s），根据题干给定的条件，总人数为 200 人，出口宽度为 2 m，假设最快疏散时间为 x，则：1.3=200 ÷（2x），可计算出最快疏散时间为 $x\approx 77$ s，约 80 s。

62. D　可燃气体、易燃、可燃液体和可熔化固体火灾宜采用碳酸氢钠干粉灭火剂；可燃固体表面火灾应采用磷酸铵盐干粉灭火剂。

63. B　有爆炸危险的甲、乙类生产部位，宜布置在单层厂房靠外墙的泄压设施或多层厂房顶层靠外墙的泄压设施附近。

64. B　根据《建筑设计防火规范》（GB 50016）的规定，地上楼层数大于等于四层时，该建筑每层的百人疏散宽度为 1.00 m/ 百人。

65. A　引燃混合气体的火源能量越大，可燃混合气体的爆炸极限范围越宽，爆炸危险性越大。可燃混合气体初始压力增加，爆炸范围增大，爆炸危险性增加。混合气体初温越高，混合气体的爆炸极限范围越宽，爆炸危险性越大。可燃混合气体中加入惰性气体，会使爆炸极限范围变窄。

66. B　根据《汽车库、修车库、停车场设计防火规范》（GB 50967）的规定，除规范另有规定外，汽车库、修车库、停车场应设置室外消火栓给水系统，其室外消防用水量应按消防用水量最大的一座计算，并应符合下列规定：①Ⅰ、Ⅱ类汽车库、修车库、停车场，不应小于 20 L/s；②Ⅲ类汽车库、修车库、停车场，不应小于 15 L/s；③Ⅳ类汽车库、修车库、停车场不应小于 10 L/s。

67. B　闭式泡沫—水喷淋系统的供给强度不应小于 6.5 L/（min · m^2）。

68. B　按供水方式分类，细水雾灭火系统可分为泵组式系统、瓶组式系统、瓶组与泵组相结合式系统。按工作压力分类，细水雾灭火系统可分为低压系统、中压系统和高压系统。

69. B　地下、半地下建筑（室）的耐火等级不应低于一级。

70. C　根据《建筑设计防火规范》（GB 50016）的规定，下列建筑应设置消防电梯：①建筑高度大于 33 m 的住宅建筑；②一类高层公共建筑和建筑高度大于 32 m 的二类高层公共建筑；③设置消防电梯的建筑的地下或半地下室，埋深大于 10 m 且总建筑面积大于 3 000 m^2 的其他地下或半地下建筑（室）。

71. D　如题中表格所示，达到最大热辐射强度的时间相差并不大的情况下，最大热辐射温度最小的为测点 4，该距离为 4 m。由题意该板房可广泛用于施工工地，根据《建设工程施工现场消防安全技术规范》（GB 50720），施工现场主要临时用房、临时设施的防火间距最小为 4 m，因此可推断，该板房安全经济的防火间距是 4 m。

72. A　根据《建筑设计防火规范》（GB 50016）的规定，建筑内设置中庭时，其防火分区的建筑面积应按上、下层相连通的建筑面积叠加计算；当叠加计算后的建筑面积大于一个防火分区的最大允许建筑面积时，应符合下列规定：中庭与周围连通空间应进行防火分隔。采用防火隔墙时，其耐火极限不应低于 1.00 h；采用防火玻璃墙时，其耐火隔热性和耐火完整性不应低于 1.00 h，采用耐火完整性不低于 1.00 h 的非隔热性防火玻璃墙时，应设置自动喷水灭火系统进行保护；采用防火卷帘时，其耐火极限不应低于 3.00 h，并应符合卷帘分隔的相关规定；与中庭相连通的门、窗，应采用火灾时能自行关闭的甲级防火门、窗。

73. C　地下、半地下汽车库内不应设置修理车位、喷漆间、充电间、乙炔间和甲、乙类物品库房。汽车库和修车库不应设置汽油罐、加油机、液化石油气或液化天然气储罐、加气机。

74. A　根据《二氧化碳灭火系统设计规范》（GB 50193）的规定，二氧化碳全淹没灭火系统不应用于经常有人停留的场所。

75. B　一般情况下顶棚射流的厚度为顶棚高度的 5% ~ 12%，而在顶棚射流内最大温度和速度出现在顶棚以下顶棚高度的 1% 处。

76. A　确保在火灾时人员安全疏散，是实现建筑物功能和举办活动的前提。评价建筑物或活动场地内的人员能否安全疏散，除了消防设施要求外，还要考虑建筑物或活动场地内人员自身的一些特点对安全疏散的影响，主要包括在人员荷载、人员素质、人员熟知度和人员体质几个方面。

77. C　集中电源集中控制型系统由应急照明控制器、应急照明集中电源、应急照明分配电装置和消防应急照明灯具组成。

78. C　湿式报警阀压力开关的动作信号作为触发信号，直接控制启动喷淋消防泵，系统的连锁启动不受消防联动控制器处于自动或手动状态影响。

79. A　消防车道的坡度不宜大于 8%。

80. D　根据《人民防空工程设计防火规范》（GB 50098）的规定，人防工程的采光窗井与相邻一类高层民用建筑主体出入口的最小防火间距是 13 m。

二、多项选择题（共 20 题，每题 2 分。每题的备选项中，有 2 个或 2 个以上符合题意，至少有 1 个错项。错选，本题不得分；少选，所选的每个选项得 0.5 分）

81. CDE　根据《建筑设计防火规范》（GB 50016）的规定，储存与生产的火灾危险性类别：铝粉均为乙类，竹藤家具均为丙类，漆布、桐油织物的储存、生产火灾危险性为乙类，印染厂成品厂房为丙类，谷物面粉储存生产火灾危险性为丙类，面粉厂的碾磨部位、谷物筒仓的工作塔为乙类。

82. AE　根据《火力发电厂与变电站设计防火规范》（GB 50229）的规定，下列场所和设备应采用火灾自动报警系统：

地下变电站、无人值班的变电站，其主控通信室、配电装置室、可燃介质电容器室、继电器室应设置火灾自动报警系统，无人值班变电站应将火警信号传至上级有关单位。

地下变电站的主控通信室、配电装置室、变压器室、继电器室、消防水泵房、建筑疏散通道和楼梯间应设置应急照明。地下变电站的疏散通道和安全出口应设发光疏散指示标志。选项 B 正确。

变电站主要设备用房和设备火灾自动报警系统应符合下表的规定，选项 A、选项 E 错误，选项 D 正确。

建筑物和设备	火灾探测器类型	备注
主控通信室	感烟或吸气式感烟	
电缆层和电缆竖井	线型感温、感烟或吸气式感烟	
继电器室	感烟或吸气式感烟	
电抗器室	感烟或吸气式感烟	如选用含油设备时，采用感温
可燃介质电容器室	感烟或吸气式感烟	
配电装置室	感烟、线型感烟或吸气式感烟	
主变压器	线型感温或吸气式感烟（室内变压器）	

单台容量为 125 MV · A 及以上的主变压器应设置水喷雾灭火系统、合成型泡沫喷雾系统或其他固定式灭火装置。其他带油电气设备，宜采用干粉灭火器。地下变电站的油浸变压器，宜采用固定式灭火系统。因此，选项 C 正确。

83. CDE　根据《建筑设计防火规范》（GB 50016）的规定，防火墙应直接设置在建筑的基础或框架、梁等承重结构上，框架、梁等承重结构的耐火极限不应低于防火墙的耐火极限。防火墙应从楼地面基层隔断至梁、楼板或屋面板的底面基层。当高层厂房（仓库）屋顶承重结构和屋面板的耐火极限低于 1.00 h，其他建筑屋顶承重结构和屋面板的耐火极限低于 0.50 h 时，防火墙应高出屋面 0.5 m 以上。选项 D 正确。

防火墙上不应开设门、窗、洞口，确需开设时，应设置不可开启或火灾时能自动关闭的甲级防火门、窗。选项 A、B 错误。

防火分隔部位设置防火卷帘时，应符合下列规定：除中庭外，当防火分隔部位的宽度不大于 30 m 时，防火卷帘的宽度不应大于 10 m；当防火分隔部位的宽度大于 30 m 时，防火卷帘的宽度不应大于该部位宽度的 1/3，且不应大于 20 m。选项 C 正确。

防烟、排烟、供暖、通风和空气调节系统中的管道及建筑内的其他管道，在穿越防火隔墙、楼板和防火墙处的孔隙应采用防火封堵材料封堵。风管穿过防火隔墙、楼板和防火墙时，穿越处风管上的防火阀、排烟防火阀两侧各 2.0 m 范围内的风管应采用耐火风管或风管外壁应采取防火保护措施，且耐火极限不应低于该防火分隔体的耐火极限。选项 E 正确。

84. AC　燃气锅炉房属于爆炸危险环境，燃气锅炉房内固定安装的照明灯具应为防爆型、防爆通风充气型，选项 A 正确。配电盘盘后接线要尽量减少接头，接头应采用锡钎焊焊接并用绝缘布包好，金属盘面还应有良好接地，选项 B 错误。潮湿的厂房内和户外可采用封闭型灯具，也可采用有防火灯具的开启型灯具，选项 C 正确。附带镇流器的各式荧光吸顶灯，应在灯具与可燃材料之间加垫瓷夹板隔热，禁止直接安装在可燃吊顶上，选项 D 错误。可燃吊顶上所有暗装、明装灯具、舞台暗装彩灯、舞池脚灯的电源导线，均应穿管敷设，选项 E 错误。

85. BD　人防工程内不得设置油浸电力变压器和其他油浸电气设备，选项 A 错误。歌舞娱乐放映游艺场所不应设置在人防工程内地下二层及以下层；当设置在地下一层时，室内地面与室外出入口地坪高差不应大于 10 m，选项 B 正确。人防工程内地下商店不应经营和储存火灾危险性为甲、乙类储存物品属性的商品，选项 C 错误。人防工程内设置有旅店、病房、员工宿舍时，不得设置在地下二层及以下层，并应划分为独立的防火分区，且疏散楼梯不得与其他防火分区的疏散楼梯共用，选项 D 正确。人防工程内不应设置哺乳室、托儿所、幼儿园、游乐厅等儿童活动场所和残疾人员活动场所，选项 E 错误。

86. ABDE　根据下图可知，末端试水装置开启后，湿式报警阀动作、水力警铃报警、压力开关动作、水流指示器动作等启动。

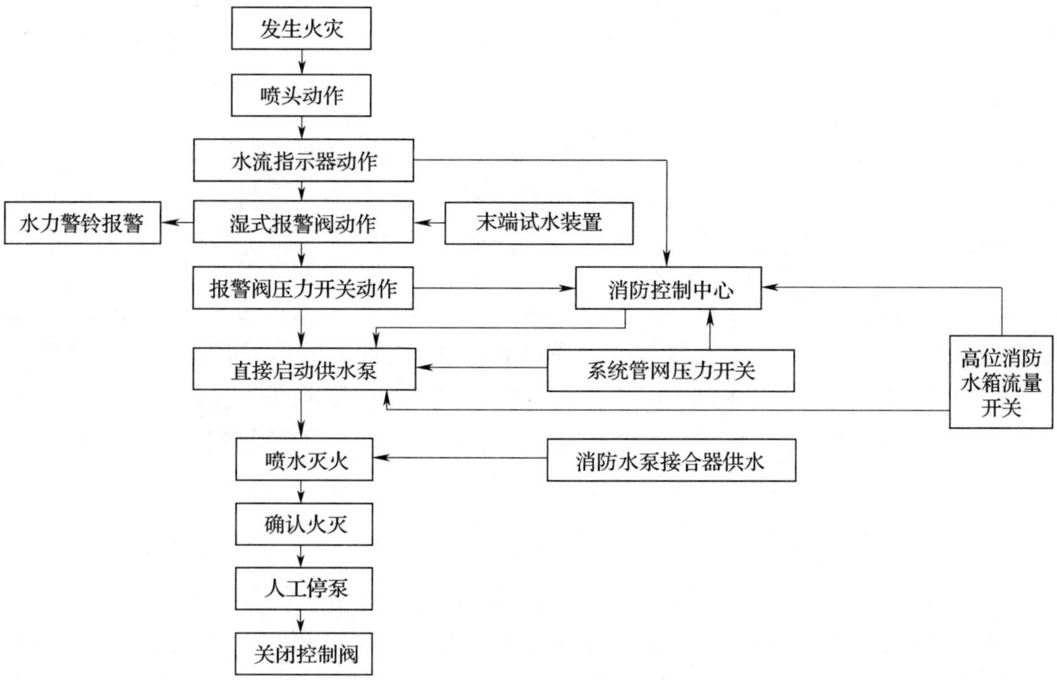

87. ADE 排烟系统的联动控制设计：应由同一防烟分区内的两只独立的火灾探测器的报警信号，作为排烟口、排烟窗或排烟阀开启的联动触发信号，消防联动控制器在接收到满足逻辑关系的联动触发信号后，联动控制排烟口、排烟窗或排烟阀的开启，同时停止该防烟分区的空气调节系统。选项A正确，选项B、C错误。由排烟口、排烟窗或排烟阀开启的动作信号作为排烟风机启动的联动触发信号，消防联动控制器在接收到满足逻辑关系的联动触发信号后，联动控制排烟风机的启动。选项D正确。排烟系统的手动控制设计：应能在消防控制室内的消防联动控制器上手动控制送风口、电动挡烟垂壁、排烟口、排烟窗、排烟阀的启动或关闭，防烟、排烟风机的启动、停止按钮应采用专用线路直接连接至设置在消防控制室内的消防联动控制器的手动控制盘上，并应直接手动控制防烟、排烟风机的启动、停止。选项E正确。

88. BD 与基层墙体、装饰层之间无空腔的建筑外墙外保温系统，其保温材料应符合下列规定：①建筑高度大于100 m时，保温材料的燃烧性能应为A级；②建筑高度大于27 m，但不大于100 m时，保温材料的燃烧性能不应低于B_1级；③建筑高度不大于27 m时，保温材料的燃烧性能不应低于B_2级。

89. BCE 管网灭火系统应设自动控制、手动控制和机械应急操作三种启动方式。

90. ACD 消防水泵不应设置自动停泵的控制功能，停泵应由具有管理权限的工作人员根据火灾扑救情况确定，选项A正确，选项B错误。将消火栓泵控制箱（柜）的启停按钮用专用线路直接连接至设置在消防控制室内的消防联动控制器的手动控制盘上，直接手动控制消火栓泵的启动、停止，选项C正确。消防水泵控制柜上设有手动、自动切换按钮、消防泵启动与停止按钮，能控制消防水泵启动、停止，选项D正确。当建筑内设置火灾自动报警系统时，消火栓按钮的动作信号应作为报警信号及启动消火栓泵的联动触发信号，消防联动控制器在接收到满足逻辑关系的联动触发信号后，联动控制消火栓泵的启动，选项E错误。

91. CDE 当七氟丙烷灭火剂喷射到防护区后，液态灭火剂迅速转变成气态，吸收大量热量，从而显著降低了保护区和火焰周围的温度；另一方面，七氟丙烷灭火剂的热解产物对燃烧过程也具有相当程度的抑制作用。

92. CE 需防误喷的古建筑宜采用预作用自动喷水灭火系统，选项E正确。室外且室外场所具备作用空间，以及火灾危险性较高且能满足固定消防水炮适用范围和适用要求的古建筑，可设置固定消防水炮系统，选项B错误。本题中强调的是室外消火栓射流无法抵达室内，而非水量不足，所以选项A、选项D错误。由于该古建筑室内无传统彩画、壁画、泥塑的文物建筑，因此可以配置移动高压水喷雾灭火设备，选项C正确。

93. ABD 火灾警报和消防应急广播系统的联动控制设计：①火灾自动报警系统应设置火灾声光警报器，并应在确认火灾后启动建筑内的所有火灾声光警报器，选项A正确，选项C错误；②在消防控制室应能手动或按预设控制逻辑联动控制选择广播分区、启动或停止应急广播系统，并应能监听消防应急广播，选项B正确；③集中报警系统和控制中心报警系统应设置消防应急广播系统，选项D正确；④消防应急广播系统的联动控制信号应由消防联动控制器发出，当确认火灾后，应同时向全楼进行广播，选项E错误。

94. ABC　根据《建筑设计防火规范》(GB 50016) 规定，燃油或燃气锅炉、油浸变压器、充有可燃油的高压电容器和多油开关等，宜设置在建筑外的专用房间内；确需贴邻民用建筑布置时，应采用防火墙与所贴邻的建筑分隔，且不应贴邻人员密集场所，该专用房间的耐火等级不应低于二级；确需布置在民用建筑内时，不应布置在人员密集场所的上一层、下一层或贴邻，并应符合下列规定：燃油或燃气锅炉房、变压器室应设置在首层或地下一层的靠外墙部位，选项B正确。锅炉房内设置储油间时，其总储存量不应大于1 m^3，且储油间应采用耐火极限不低于3.00 h的防火隔墙与锅炉间分隔；确需在防火隔墙上设置门时，应采用甲级防火门，选项D错误。根据规范第9章，选项E错误。

空气中含有易燃、易爆危险物质的房间，其送、排风系统应采用防爆型的通风设备，选项A正确。

根据《火灾自动报警系统设计规范》(GB 50116) 的规定，厨房、锅炉房、发电机房、烘干车间等场所宜选择点型感温火灾探测器，不宜安装感烟火灾探测器，选项C正确。

95. DE　根据《建筑设计防火规范》(GB 50016) 的规定，甲、乙、丙类液体储罐区，液化石油气储罐区，可燃、助燃气体储罐区和可燃材料堆场等，应布置在城市（区域）的边缘或相对独立的安全地带，并宜布置在城市（区域）全年最小频率风向的上风侧。甲、乙、丙类液体储罐（区）宜布置在地势较低的地带。当布置在地势较高的地带时，应采取安全防护设施。液化石油气储罐（区）宜布置在地势平坦、开阔等不易积存液化石油气的地带。选项A、B、C正确。液化石油气储罐组或储罐区的四周应设置高度不小于1.0 m的不燃性实体防护墙。选项D错误。

根据《石油天然气工程设计防火规范》(GB 50183) 的规定，钢储罐防雷接地引下线不应少于2根，并应沿罐周均匀或对称布置，其间距不宜大于30 m。选项E错误。

96. BC　樟脑油、煤油属于乙类，石脑油、汽油属于甲类，润滑油属于丙类。

97. ACDE　根据《建筑设计防火规范》(GB 50016) 的规定，①燃油或燃气锅炉房、变压器室应设置在首层或地下一层的靠外墙部位，但常（负）压燃油或燃气锅炉可设置在地下二层或屋顶上。设置在屋顶上的常（负）压燃气锅炉，距离通向屋面的安全出口不应小于6 m。采用相对密度（与空气密度的比值）不小于0.75的可燃气体为燃料的锅炉，不得设置在地下或半地下。②锅炉房、变压器室的疏散门均应直通室外或安全出口。选项A、C符合题意。

消防水泵房的设置应符合下列规定：①单独建造的消防水泵房，其耐火等级不应低于二级；②附设在建筑内的消防水泵房，不应设置在地下三层及以下或室内地面与室外出入口地坪高差大于10 m的地下楼层；③疏散门应直通室外或安全出口。选项D符合题意。

设置火灾自动报警系统和需要联动控制消防设备的建筑（群）应设置消防控制室。消防控制室的设置应符合下列规定：①单独建造的消防控制室，其耐火等级不应低于二级；②附设在建筑内的消防控制室，宜设置在建筑内首层或地下一层，并宜布置在靠外墙部位；③不应设置在电磁场干扰较强及其他可能影响消防控制设备正常工作的房间附近；疏散门应直通室外或安全出口。选项 E 符合题意。

98. BD 县级以上文物保护单位为严重危险级，县级以下文物保护单位为中危险级。严重危险级场所单具灭火器最小配置灭火级别是 3A，单位灭火级别最大保护面积是 50 m^2/A；中危险级场所单具灭火器最小配置灭火级别是 2A，单位灭火级别最大保护面积是 75 m^2/A。选项 B、D 错误。

99. ABCE 高度大于 7 m、直径大于 9 m 的固定顶储罐，不得选用泡沫枪作为主要灭火设施。

100. ABC 热辐射强度与消防扑救力量、火灾延续时间、可燃物的性质和数量、相对外墙开口面积的大小、建筑物的长度和高度以及气象条件等有关。

消防安全技术实务
模拟测试（二）参考答案及解析

一、单项选择题（共 80 题，每题 1 分。每题的备选项中，只有 1 个最符合题意）

1. C　既能探测烟雾又能探测温度的探测器属于复合火灾探测器。选项 A 中的点型与不可复位、选项 B 中的感烟型与点型不属于同一种分类型式。选项 D 属于特殊类型的火灾探测器。

2. D　控制中心报警系统由火灾探测器、手动火灾报警按钮、火灾声光警报器、消防应急广播、消防专用电话、消防控制室图形显示装置、火灾报警控制器、消防联动控制器等组成，且包含两个及以上集中报警系统。具有两个及两个以上消防控制室时，应确定主消防控制室和分消防控制室。主消防控制室内的消防设备应能显示各分消防控制室内消防设备的状态信息，并可对分消防控制室内的消防设备及其控制的消防系统和设备进行控制；各分消防控制室内的消防设备之间可以相互传输、显示状态信息，但不能相互控制。

3. B　在火灾自动报警系统中，自动或手动产生火灾报警信号的器件称为触发器件，主要包括火灾探测器和手动报警按钮。在火灾自动报警系统中，用以接收、显示和传递火灾报警信号，并能发出控制信号和具有其他辅助功能的控制指示设备称为火灾报警装置。火灾自动报警系统由火灾探测报警系统、消防联动控制系统、可燃气体探测报警系统及电气火灾监控系统组成。火灾自动报警系统的主电源应当采用消防电源，备用电源可以采用蓄电池。

4. C　车库、计算机房、电梯机房等场所宜选择点型感烟火灾探测器，厨房、锅炉房、发电机房、烘干车间等不宜安装感烟火灾探测器的场所宜选择点型感温火灾探测器。

5. A　厨房平时存在油烟，宜安装点型感温火灾探测器，如安装感烟火灾探测器极易造成误报警。选项 B、C、D 中的情况，会造成漏报。

6. A　轻柴油为甲类火灾危险性物品，根据《建筑设计防火规范》（GB 50016）的规定，经营、存放和使用甲、乙类火灾危险性物品的商店、作坊和储藏间，严禁附设在民用建筑内，选项 A 错误。

7. C　根据《建筑设计防火规范》（GB 50016）的规定，歌舞厅、录像厅、夜总会、卡拉 OK 厅（含具有卡拉 OK 功能的餐厅）、游艺厅（含电子游艺厅）、桑拿浴室（不包括洗浴部分）、网吧等歌舞娱乐放映游艺场所（不含剧场、电影院）不应布置在地下二层及以下楼层。

8. D 耐火等级不低于二级且建筑体积小于或等于 3 000 m^3 的戊类厂房；居住区人数不超过 500 人且建筑物层数不超过两层的居住区，可不设置室外消火栓系统。

9. C 为了保证建筑物的安全，必须采取必要的防火措施，使之具有一定的耐火性，即使发生火灾，也不至于造成太大的损失。通常用耐火等级来表示建筑物所具有的耐火性。一幢建筑物的耐火等级不是由一两个构件的耐火性决定的，而是由组成建筑物的所有构件的耐火性决定的，即由组成建筑物的墙、柱、梁、楼板等主要构件的燃烧性能和耐火极限决定的。

10. B 根据《建筑设计防火规范》（GB 50016）的规定，不同类型的建筑构件，其耐火极限的判定标准不同，例如非承重墙体，其耐火极限测定主要考察该墙体在试验条件下的完整性能和隔热性能；而柱的耐火极限测定则主要考察其在试验条件下的承载力和稳定性能。因此，对于不同的建筑结构或构、配件，耐火极限的判定标准和所代表的含义也不完全一致，详见《建筑构件耐火试验方法》（GB/T 9978.1—GB/T 9978.9）。题中测定的为承重墙试件，应以承载力为主要考察性能。

11. D 根据《建筑设计防火规范》（GB 50016）的规定，不能自然通风或自然通风不能满足要求时，应设置机械加压送风系统或采用防烟楼梯间。选项 A 正确。一类高层公共建筑和建筑高度大于 32 m 的二类高层公共建筑，其疏散楼梯应采用防烟楼梯间。裙房和建筑高度不大于 32 m 的二类高层公共建筑，其疏散楼梯应采用封闭楼梯间。当裙房于高层建筑主体之间设置防火墙时，裙房的疏散楼梯可按规范有关单、多层建筑的要求确定。选项 B 正确。建筑高度大于 21 m、不大于 33 m 的住宅建筑应采用封闭楼梯间；当户门采用乙级防火门时，可采用敞开楼梯间，选项 C 正确。建筑为一类高层公共建筑，应设置防烟楼梯间，采用封闭楼梯间错误。选项 D 错误。

12. C 机械加压送风量应满足走廊至前室至楼梯间的压力呈递增分布。

13. B 根据《消防给水及消火栓系统技术规范》（GB 50974）的规定，建筑占地面积大于 300 m^2 的厂房（仓库）、高层公共建筑和建筑高度大于 21 m 的住宅建筑等应当设置室内消火栓系统，所以选项 A 、C 应设置室内消火栓。耐火等级为一、二级且可燃物较少的单层、多层丁、戊类厂房（仓库）；耐火等级为三、四级且建筑体积不大于 3 000 m^3 的丁类厂房和建筑体积小于或等于 5 000 m^3 的戊类厂房（仓库）；粮食仓库、金库以及远离城镇且无人值班的独立建筑，可不设室内消火栓系统，所以选项 D 应设置室内消火栓。

14. A D 类火灾是金属火灾。

15. D 根据《消防给水及消火栓系统技术规范》（GB 50974）的规定，市政消火栓应布置在消防车易于接近的人行道和绿地等地点，且不应妨碍交通。市政消火栓距路边不宜小于 0.5 m，并不应大于 2.0 m，距建筑外墙或外墙边缘不宜小于 5.0 m。

16. A　建筑内疏散照明的地面最低水平照度应符合下列规定：①对于疏散走道，不应低于 1.0 lx。②对于人员密集场所、避难层（间），不应低于 3.0 lx；对于病房楼或手术部的避难间，不应低于 10.0 lx。③对于楼梯间、前室或合用前室、避难走道，不应低于 5.0 lx。④消防控制室、消防水泵房、自备发电机房、配电室、防烟与排烟机房，以及发生水灾时仍需正常工作的其他房间的消防应急照明，仍应保证正常照明的照度。

17. B　灭火器主要由灭火器筒体、阀门（俗称器头）、灭火剂、保险销、虹吸管、密封圈和压力指示器（二氧化碳灭火器除外）等组成。故不包括的组件是选项 B 压力开关。

18. D　设置泄压构件属于减轻性技术措施，选项 D 符合题意。减轻性技术措施包括：①采取泄压措施在建筑围护构件设计中设置一些薄弱构件，即泄压构件（面积），当爆炸发生时，这些泄压构件首先破坏，使高温高压气体得以泄放，从而降低爆炸压力，使主体结构不发生破坏。②采用抗爆性能良好的建筑结构体系。③采取合理的建筑布置。

19. B　防烟系统的联动控制设计为：由加压送风口所在防火分区内的两只独立的火灾探测器或一只火灾探测器与一只手动火灾报警按钮的报警信号（“与”逻辑），作为送风口开启和加压送风机启动的联动触发信号。防烟系统的手动控制设计为：应能在消防控制室内的消防联动控制器上手动控制送风口、电动挡烟垂壁等的开启。选项 B 中，送风机的启动与送风口的打开没有关系，所以是错误的。

20. B　安全出口应分散设置，当同方向设置时，2 个安全出口通道口部之间的净距不应小于 10 m。

21. D　火灾的孕育、发生、发展和蔓延过程包含了流体流动、传热传质、化学反应和相变，涉及质量、动量、能量和化学成分在复杂多变的环境条件下相互作用，其形式是三维、多相、多尺度、非定常、非线性、非稳态的动力学过程。场模型是通过把一个空间划分为几千甚至上万个控制体，计算得出各局部空间的有关参数的变化。选项 D 符合题意。

22. C　稳压泵应由消防给水管网或气压给水罐上设置的稳压泵自动启停泵压力开关或压力变送器控制。

23. D　水喷雾的灭火机理主要是表面冷却、窒息、乳化和稀释作用。

24. A　根据《泡沫灭火系统设计规范》（GB 50151）的规定，保护非水溶性液体的泡沫—水喷淋系统、泡沫枪系统、泡沫炮系统泡沫液的选择，应符合以下规定：①当采用吸气型泡沫产生装置时，可选用蛋白、氟蛋白、水成膜或成膜氟蛋白泡沫液；②当采用非吸气型喷射装置时，应选用水成膜或成膜氟蛋白泡沫液。

25. A 根据《建筑设计防火规范》（GB 50016）的规定，高层与耐火等级为二级的多层建筑之间的防火间距不应小于 9 m；建筑高度大于 100 m 的民用建筑与相邻建筑的防火间距，当符合本规范规定允许减小的条件时，仍不应减小。题干中建筑高度大于 100 米，其防火间距仍不应小于 9 m。

26. D 一组消防水泵应在消防水泵房内设置流量和压力测试装置，且符合“单台消防给水泵的流量不大于 20 L/s、设计工作压力不大于 0.50 MPa 时，泵组应预留测量用流量计和压力计接口，其他泵组宜设置泵组流量和压力测试装置”的规定。

27. D 消防水泵、喷淋水泵、水幕泵和消防电梯要由变配电站或主配电室直接出线，采用放射式供电。消防负荷的配电线路所设置的保护电器要具有短路保护功能，但不宜设置过负荷保护装置，如设置只能动作于报警而不能用于切断消防供电。消防水泵、防排烟风机及消防电梯的两路低压电源应能在设备机房内自动切换；其他消防设备的电源应能在每个防火分区配电间内自动切换；消防控制室的两路低压电源应能在消防控制室内自动切换。选项 D 正确。

28. A 地下车站的公共区，以及设备管理用房，应划分防烟分区，且防烟分区不得跨越防火分区。站厅与站台的公共区每个防烟分区的建筑面积不宜超过 2 000 m^2。

29. C 在自动喷水灭火系统的分类中，闭式系统包括湿式系统、干式系统、预作用系统、自动喷水防护冷却系统等，开式系统包括雨淋系统、水幕系统等。

30. C 避难走道是指采用防烟措施且两侧设置耐火极限不低于 3.00 h 的防火隔墙，用于人员安全通行至室外的走道。避难走道楼板的耐火极限不应低于 1.50 h。

31. B 建筑高度大于 50 m 的乙、丙类厂房和丙类物品库房及一类高层民用建筑的消防用电应按一级负荷供电。选项 A 中建筑高度未达到 50 m，选项 C 中建筑高度为 50 m 的住宅属于二类高层民用建筑，选项 D 中建筑高度为 45 m 的写字楼属于二类高层民用建筑。只有选项 B 符合题意。

32. A 根据《汽车加油加气站设计与施工规范》（GB 50156）的规定，下列加油加气站不应联合建站：① CNG 加气母站与加油站；② CNG 加气母站与 LNG 加气站；③ LPG 加气站与 CNG 加气站；④ LPG 加气站与 LNG 加气站。选题 A 正确。

33. B 选项 A 中的女装库房火灾属于 A 类火灾，可用水基型灭火器扑救；选项 B 中的碱金属（钾、钠）火灾属于 D 类火灾，不可用水扑救；选项 C 中的食用油火灾属于 B 类火灾，可用泡沫灭火器扑救；选项 D 中的液化石油气火灾属于 C 类火灾，可用干粉灭火器扑救。

34. D 室内或走道的任一点至防烟分区内最近的排烟窗的水平距离不应大于 30 m，当公共建筑室内高度超过 6.00 m 且具有自然对流条件时，其水平距离可增加 25%。

35. A　酒精属于水溶性液体，水溶性液体火灾必须选用抗溶性泡沫液。

36. A　根据《建筑灭火器配置设计规范》（GB 50140）的规定，要求设有室内消火栓系统的修正系数取 0.9，设有灭火系统的修正系数取 0.7，设有室内消火栓系统和灭火系统的修正系数取 0.5。灭火器配置计算修正系数与是否设有火灾自动报警系统无关。选项 A 符合题意。

37. A　根据《建筑设计防火规范》（GB 50016）的规定，一、二级耐火等级建筑内的商店营业厅、展览厅，当设置自动灭火系统和火灾自动报警系统并采用不燃或难燃装修材料时，其每个防火分区的最大允许建筑面积应符合下列规定：①设置在高层建筑内时，不应大于 4 000 m^2；②设置在单层建筑或仅设置在多层建筑的首层内时，不应大于 10 000 m^2；③设置在地下或半地下时，不应大于 2 000 m^2。选项 A 错误。选项 B、C、D 符合规范要求。

38. D　根据《汽车库、修车库、停车场设计防火规范》（GB 50067）的规定，除敞开式汽车库、屋面停车场以外，下列汽车库、修车库，应设置火灾自动报警系统：①Ⅰ类汽车库、修车库；②Ⅱ类地下、半地下汽车库、修车库；③Ⅱ类高层汽车库、修车库；④机械式汽车库；⑤采用汽车专用升降机作汽车疏散出口的汽车库。敞开式汽车库不需要设置火灾自动报警系统。因选项 A 为Ⅱ类汽车库，选项 C 为Ⅰ类汽车库，故选项 D 正确。

39. C　七氟丙烷灭火系统适用于扑救：电气火灾、液体表面火灾或可熔化的固体火灾，固体表面火灾和灭火前可切断气源的气体火灾。不得用于扑救下列物质的火灾：含氧化剂的化学制品及混合物，如硝化纤维、硝酸钠等；活泼金属，如钾、钠、镁、钛、锆、铀等；金属氢化物，如氢化钾、氢化钠等；能自行分解的化学物质，如过氧化氢、联胺等。

40. C　民用建筑中应设置排烟设施的有：设置在四层及以上或地下、半地下的歌舞娱乐放映游艺场所；中庭；建筑中长度大于 20 m 的疏散走道等。建筑内的防烟楼梯间及其前室、消防电梯间前室或合用前室、避难走道的前世、避难层（间）应设置防烟设施。

41. D　城市消防远程监控系统由用户信息传输装置、报警传输网络、监控中心以及火警信息终端等部分组成。

42. C　矿棉板为 B_1 级。水泥板、混凝土板为 A 级，胶合板为 B_2 级。

43. D　纸面石膏板为 B_1 级墙面装修材料，塑料贴面装饰板、纸制装饰板、无纺贴墙布属于 B_2 级墙面装修材料。

44. D　剩余电流式电气火灾监控探测器应以设置在低压配电系统首端为基本原则，宜设置在第一级配电柜（箱）的出线端。在供电线路泄漏电流大于 500 mA 时，宜在其下一级配电柜（箱）上设置。剩余电流式电气火灾监控探测器不宜设置在 IT 系统的配电线路和消防配电线路中。

45. C 单孔和双孔隧道按其封闭段长度和交通情况分为一、二、三、四类，并应符合下表的规定。

用途	一类	二类	三类	四类
	隧道封闭段长度 L/m			
可通行危险化学品等机动车	$L>1\ 500$	$500<L\leqslant 1\ 500$	$L\leqslant 500$	—
仅限通行非危险化学品等机动车	$L>3\ 000$	$1\ 500<L\leqslant 3\ 000$	$500<L\leqslant 1\ 500$	$L\leqslant 500$
仅限人行或通行非机动车	—	—	$L>1\ 500$	$L\leqslant 1\ 500$

46. A 室内消火栓栓口动压不应大于 0.50 MPa，当大于 0.70 MPa 时，必须设置减压装置。

47. D 根据《石油化工企业设计防火规范》（GB 50160）的规定，可能散发可燃气体的工艺装置、罐组、装卸区或全厂性污水处理场等设施宜布置在人员集中场所及明火或散发火花地点的全年最小频率风向的上风侧。选项 D 错误。罐区泡沫站应布置在罐组防火堤外的非防爆区，与可燃液体罐的防火间距不宜小于 20 m。厂内铁路宜集中布置在厂区边缘。选项 B、C 正确。根据《石油库设计规范》（GB 50074）的规定，储罐应集中布置。当储罐区地面高于邻近居民点、工业企业或铁路线时，应加强防止事故状态下库内易燃和可燃液体外流的安全防护措施。选项 A 正确。

48. B 供消防救援人员进入的窗口的净高度和净宽度均不应小于 1.0 m，下沿距室内地面不宜大于 1.2 m，间距不宜大于 20 m 且每个防火分区不应少于 2 个，设置位置应与消防车登高操作场地相对应。窗口的玻璃应易于破碎，并应设置可在室外易于识别的明显标志。

49. C 无法排入火炬或装置处理排放系统的无毒性气体可通过放空管向大气排放。

50. D 同一防护区内的预制灭火系统装置多于 1 台时，必须能同时启动，其动作响应时差不得大于 2 s。

51. A 题目中养老院的老人住宿床位数为 80 张，属于 A 类火灾严重危险级配置场所。A 类火灾严重危险级配置场所单具灭火器的最低配置基准应为 3A；当配置手提式灭火器时，A 类火灾严重危险级配置场所最大保护距离应为 15 m。

52. C 发生火灾后，在火灾温度的作用下，闭式喷头的热敏元件动作，喷头开启并开始喷水。由于持续喷水泄压造成湿式报警阀的上部水压低于下部水压，在压力差的作用下，原来处于关闭状态的湿式报警阀自动开启。

53. A 当有消防控制室时，可燃气体报警控制器可设置在保护区域附近；当无消防控制室时，可燃气体报警控制器应设置在有人员值班的场所，选项 A 正确。可燃气体探测器应接入可燃气体报警控制器，不应直接接入火灾报警控制器的探测器回路，所以选项 B 是错误的。探测气体密度小于空气密度的可燃气体探测器应设置在保护空间的顶部，探测气体密度大于空气密度的可燃气体探测器应设置在保护空间的下部，探测气体密度与空气密度相当的可燃气体探测器应设置在被保护空间的中间部位或顶部。本题中，选项 C 中的天然气比空气密度小，可燃气体探测器应安装在保护空间的顶部，所以选项 C 是错误的；选项 D 中液化石油气比空气密度大，可燃气体探测器应安装在保护空间的下部，所以选项 D 是错误的。

54. C 防烟分区不应跨越防火分区，选项 B 错误。储烟仓高度不应小于空间净高的 10%，且不应小于 500 mm，同时应保证疏散所需的清晰高度，最小清晰高度应由计算确定。因此，挡烟垂壁下降过低会影响疏散所需的清晰高度，选项 A 错误。当补风口与排烟口设置于同一防烟分区时，补风口应设在储烟仓下沿以下，由此可知低位补风更加合理，所以选项 D 错误。

55. D 石蜡、沥青火灾属于可熔化固体物质火灾，是 B 类火灾。钾火灾属于金属火灾，是 D 类火灾。棉布火灾属于固体物质火灾，是 A 类火灾。

56. A 对于建筑高度大于 50 m 的建筑，操作场地的长度和宽度分别不应小于 20 m × 10 m。本题中建筑层数为 25 层，一般住宅建筑层高为 3 m，所以该建筑的高度应大于 50 m。

57. B 根据《消防安全技术实务（2018 年版）》表 2—10—8，各种保温材料的燃烧性能等级与热导率有关，所以内部传热的主要方式是热传导。

58. D 根据《消防安全技术实务（2018 年版）》表 5—4—1，装满邮件的邮袋火灾是快速 t^2 火。

59. B 赤磷属于一级易燃固体，其燃点低、易燃烧、燃烧迅速和猛烈并放出有毒气体；萘、镁粉、硫黄属于二级易燃固体，燃点较高、燃烧较慢、燃烧产物毒性也较小。

60. A 对于机组容量为 300 MW 及以上的燃煤电厂，封闭式运煤栈桥采用自动喷水与水喷雾系统，电子设备间宜采用组合分配式气体灭火系统，点火油罐区宜采用低倍数或中倍数泡沫灭火系统。

61. C 选项 A 主要考查危险物质的量对生产火灾危险性类别的影响，根据国家标准，汽油等甲类可燃液体总量不足 100 L 且与房间容积的比值不足 0.004 L/m^3，该场所可不按甲类厂房处理，仍按戊类考虑。

选项 B 主要考查危险物质的工艺布置在厂房中所占面积比例对生产火灾危险性类别的影响。很大面积的厂房中，如甲类生产所占用的面积比例很小，该厂房可按火灾危险性较小的确定。

选项 C 中，煤粉属于可燃粉尘，根据国家标准，其生产火灾危险性为乙类第 6 项。

选项 D 中，评定自燃性固体物料是以自燃点作为标志，评定受热分解可燃固体是以其分解温度作为评定指标。

62. B　丁、戊类储存物品仓库的火灾危险性，当可燃包装重量大于物品本身重量 1/4 或可燃包装体积大于物品本身体积的 1/2 时，应按丙类确定。本题中的陶瓷工艺品属于不燃烧物品，火灾危险性为戊类；木箱和气泡袋属于可燃固体，火灾危险性为丙类。本题应注意规范条文中强调的物品本身重量，每箱物品的重量为 65–14.2=50.8（kg），50.8 ÷ 4= 12.7（kg），即可燃包装重量大于物品本身重量 1/4，故该仓库的火灾危险性应按丙类确定。

63. D　根据国家标准对民用建筑的分类，选项 A、B 在建筑高度数据上不准确。按建筑高度可分为单层、多层建筑和高层建筑两类，选项 D 正确。选项 C 中，其他建筑高度大于 24 m 的建筑应为非单层建筑。

64. B　根据《建筑设计防火规范》（GB 50016）的规定，对于住宅建筑，设置在底部且室内高度不大于 2.2 m 的自行车库、储藏室、敞开空间，室内外高差或建筑的地下或半地下室的顶板面高出室外设计地面的高度不大于 1.5 m 的部分，可不计入建筑高度。

本题中，建筑实际高度为 55.2–2.2=53（m），建筑高度大于 27 m，但不大于 54 m 的住宅建筑属于二类高层住宅建筑。

65. B　根据国家标准对燃烧性能等级标识的规定，GB 8624 B_1（B–s1，d0，t1）表示属于难燃 B_1 级建筑材料及制品，燃烧性能细化分级为 B 级，产烟特性等级为 s1 级，燃烧滴落物 / 微粒等级为 d0 级，烟气毒性等级为 t1 级。

66. B　建筑物构件耐火极限的规定，是基于对火灾相关统计结果的分析以及对建筑内不同构件所起的作用及耐火等级要求，结合工程实际而确定的。将二级建筑物楼板的耐火极限设定为 1 h，即是按照上述思路规定并作为基准的。

67. D　酒精度超过 38 度的白酒生产厂房即为甲类。根据厂房的层数和每个防火分区最大允许建筑面积的要求，一级耐火等级单层厂房的每个防火分区最大允许面积为 4 000 m^2，设置自动灭火系统后增加 1 倍，即为 8 000 m^2。

68. B　一、二级耐火等级建筑内的营业厅、展览厅，设置自动灭火系统和火灾自动报警系统并采用不燃或者难燃材料时，在高层建筑内，其防火分区面积不应大于 4 000 m^2。

69. A　防火卷帘应具有火灾时靠自重自动关闭的功能，不应采用水平、侧向防火卷帘。

70. A　根据《建筑设计防火规范》（GB 50016）的规定，供暖管道不应穿过存在与供暖管道接触能引起燃烧或爆炸的气体、蒸气或粉尘的房间，确需穿过时，应采用不燃材料隔热。

71. B　从材料燃烧性能的角度看，用于建筑外墙的保温材料可以分为三大类：一是以矿棉和岩棉为代表的无机保温材料，通常被认定为不燃材料；二是以胶粉聚苯颗粒保温浆料为代表的有机—无机复合型保温材料，通常被认定为难燃材料；三是以聚苯乙烯泡沫塑料［包括 EPS 板（可发性聚苯乙烯板）和 XPS 板（绝热用挤塑聚苯乙烯泡沫塑料）］、硬泡聚氨酯和改性酚醛树脂为代表的有机保温材料，通常被认定为可燃材料。

72. A 根据本题所给出情景，该建筑层数为 8 层，而三级耐火等级办公楼最多允许层数为五层，故该办公楼建筑耐火等级不应低于二级。对于一、二级耐火等级的其他民用建筑，第五层的百人疏散净宽度指标为 1 m。

73. C 当照明与动力合用一电源时，应有各自的分支回路，所有照明线路均应有短路保护装置。

74. C 甲类厂房与重要公共建筑的防火间距不应小于 50 m，与明火或散发火花地点的防火间距不应小于 30 m。

75. C 考虑到老年人及儿童行动不便，缺乏必要的自理能力，规范规定老年人建筑及儿童活动场所设置在一、二级耐火等级的建筑内时，应设置在该建筑物的首层或二、三层，不应超过三层。

76. B 根据《建筑设计防火规范》（GB 50016）中对民用建筑的分类标准，建筑高度大于 50 m 的公共建筑属于一类高层民用建筑，同时，一类高层建筑的耐火等级不应低于一级。因此，依据不同耐火等级建筑相应构件的燃烧性能和耐火极限，其楼板的耐火极限不应低于 1.50 h。

77. A 住宅建筑的防烟楼梯间独立前室面积不应小于 4.5 m^2。

78. C 百人宽度指标是指每百人在允许疏散时间内，以单股人流形式疏散所需的疏散跨度。因本题明确是阶梯观众厅，故百人疏散宽度=$\dfrac{\text{单股人流宽度} \times 100}{\text{疏散时间} \times \text{每分钟每股人流通过人数}}=\dfrac{0.6 \times 100}{2.5 \times 37} \approx 0.65$（m）。

79. C 甲类厂房同一时间生产人数超过 5 人，选项 A 不符合设置 1 个安全出口的条件。托儿所、幼儿园无论其建筑面积及人数多少，均应至少设置 2 个安全出口，选项 B 错误。根据《汽车库、修车库、停车场设计防火规范》（GB 50067）的规定，停车数量小于等于 50 辆或总建筑面积小于等于 2 000 m^2 的汽车库为Ⅳ类汽车库，该汽车库即为Ⅳ类汽车库，每个防火分区人员安全出口可设置 1 个，选项 C 正确。建筑面积超过 100 m^2 的地下仓库，应至少设置 2 个安全出口，选项 D 错误。

80. C 根据对照爆炸危险环境照明装置的选型可知，该场所应选用密闭型灯具。

二、多项选择题（共 20 题，每题 2 分。每题的备选项中，有 2 个或 2 个以上符合题意，至少有 1 个错项。错选，本题不得分；少选，所选的每个选项得 0.5 分）

81. B ACDE 本题为电气防爆所运用的基本措施列举，选项 B 中，散发较空气重的可燃气体、可燃蒸气的甲类厂房以及有粉尘、纤维爆炸危险的乙类厂房，应采用不发火花的地面。

82. ABDE 选项 C 中，对于一些使用功能多、面积大、建筑长度长的建筑，如 L 形、U 形、口形建筑，当其沿街长度超过 150 m 或总长度大于 220 m 时，应在适当位置设置穿过建筑物的消防车道。

83. ACDE 建筑高度大于 33 m 的住宅建筑才需要设置消防电梯，选项 B 中 32 m 的住宅不需要。

84. ABD 根据建筑（区域）风险评估指标的处理方式，风险评估可分为定性评估、半定量评估和定量评估。

85. DE 事件树的编制程序一般包括确定初始事件、判定安全功能、绘制事件树和简化事件树。

86. ABDE 墙壁消防水泵接合器的安装高度距地面宜为 0.7 m，选项 C 错误。

87. ABE 采用管网灭火系统时，一个防护区的面积不宜大于 800 m^2，且容积不宜大于 3 600 m^3，选项 C 错误；采用预制灭火系统时，一个防护区的面积不宜大于 500 m^2，且容积不宜大于 1 600 m^3，选项 D 错误。

88. BCD 消火栓按钮不宜作为直接启动消防水泵的开关，但可作为发出报警信号的开关或启动干式消火栓系统的快速启闭装置等，选项 A 错误。消防水泵机械应急启动时，应确保消防水泵在报警后 5.0 min 内正常工作，选项 E 错误。

89. ABDE 火灾风险评估的基本流程有以下几个方面：①前期准备；②火灾危险源识别；③定性、定量评估；④消防安全管理水平评估；⑤确定对策、措施及建议；⑥确定评估结论；⑦编制火灾风险评估报告等。

90. AE 自动控制的水幕系统用于防火卷帘的保护时，由防火卷帘下落到楼地面的动作信号与本报警区域内任一火灾探测器或手动火灾报警按钮的报警信号（“与”逻辑）作为水幕阀组启动的联动触发信号，消防联动控制器在接收到满足逻辑关系的联动触发信号后，联动控制水幕系统相关阀组的启动。仅用水幕系统作为防火分隔时，由该报警区域内两只独立的感温火灾探测器的火灾报警信号（“与”逻辑）作为水幕阀组启动的联动触发信号，消防联动控制器在接收到满足逻辑关系的联动触发信号后，联动控制水幕系统相关阀组的启动。

91. BC 预制灭火系统应设自动控制和手动控制两种启动方式。

92. AB 非水溶性液体固定顶储罐，可选用液上喷射、液下喷射或半液下喷射系统；水溶性甲、乙、丙类液体的固定顶储罐，应选用液上喷射或半液下喷射系统；外浮顶和内浮顶储罐应选用液上喷射系统；非水溶性液体外浮顶储罐、内浮顶储罐、直径大于 18 m 的固定顶储罐以及水溶性液体的立式储罐，不得选用泡沫炮作为主要灭火设施；高度大于 7 m、直径大于 9 m 的固定顶储罐，不得选用泡沫枪作为主要灭火设施；油罐中倍数泡沫灭火系统，应选用液上喷射系统。

93. CDE　除室内无车道且无人员停留的机械式汽车库外，汽车库、修车库内每个防火分区的人员安全出口不应少于 2 个，Ⅳ类汽车库和Ⅲ、Ⅳ类的修车库可设置 1 个。

94. ABCD　地下、半地下汽车库内不应设置修理车位、喷漆间、充电间、乙炔间和甲、乙类库房。

95. ABCD　人防工程内不应设置哺乳室、托儿所、幼儿园、游乐厅等儿童活动场所和残疾人员活动的场所。

96. ABD　在城市建成区不宜建一级加油站、一级加气站、一级加油加气合建站、压缩天然加气母站。

97. AC　根据《建筑设计防火规范》（GB 50016）中对储存物品的火灾危险性分类及举例，氧气、氨气储存火灾危险性属于乙类。

98. BDE　对于民用建筑是否属于高层民用建筑，见下表。

名称	高层民用建筑		单、多层民用建筑
	一类	二类	
住宅建筑	建筑高度大于 54 m 的住宅建筑（包括设置商业服务网点的住宅建筑）	建筑高度大于 27 m，但不大于 54 m 的住宅建筑（包括设置商业服务网点的住宅建筑）	建筑高度不大于 27 m 的住宅建筑（包括设置商业服务网点的住宅建筑）
公共建筑	1. 建筑高度大于 50 m 的公共建筑 2. 建筑高度 24 m 以上部分，任一楼层建筑面积大于 1 000 m^2 的商店、展览、电信、邮政、财贸金融建筑和其他多种功能组合的建筑 3. 医疗建筑、重要公共建筑 4. 省级及以上的广播电视和防灾指挥调度建筑、网局级和省级电力调度 5. 藏书超过 100 万册的图书馆、书库	除一类高层公共建筑外的其他高层公共建筑	1. 建筑高度大于 24 m 的单层公共建筑 2. 建筑高度不大于 24 m 的其他公共建筑

注：表中未列入的建筑，其类别应根据本表类比确定。

99. ABD　根据《石油化工企业设计防火规范》（GB 50160）的规定，可能散发可燃气体的工艺装置、罐组、装卸区或全厂性污水处理场等设施宜布置在人员集中场所及明火或散发火花地点的全年最小频率风向的上风侧。

100. BCDE　选项 A 不属于常用评估方法。

消防安全技术实务
模拟测试（三）参考答案及解析

一、单项选择题（共80题，每题1分。每题的备选项中，只有1个最符合题意）

1. A　点型感烟火灾探测器的安装高度不得超过12 m，选项A错误。气流速度大于5 m/s的场所不宜选择点型感烟火灾探测器，选项C正确。温度在0℃以下的场所，不宜选择点型定温探测器，选项B正确。无遮挡的大空间或有特殊要求的房间，宜选择线型光束感烟火灾探测器，选项D正确。

2. B　在宽度小于3 m的内走道顶棚上设置点型探测器时，宜居中布置。感温火灾探测器的安装间距不应超过10 m，选项C正确。感烟火灾探测器的安装间距不应超过15 m，选项D正确。点型探测器至墙壁、梁边的水平距离不应小于0.5 m，选项A正确。点型探测器周围0.5 m内，不应有遮挡物，选项B错误。

3. B　雨淋系统应由同一报警区域内两只及以上独立的感温火灾探测器或一只感温火灾探测器与一只手动火灾报警按钮的报警信号，作为雨淋阀组开启的联动触发信号。

4. A　喷放干粉时不能自动关闭的防护区开口，其总面积不应大于该防护区总内表面积的15%，且开口不应设在底面。

5. D　水幕系统处于准工作状态时，由消防水箱或稳压泵、气压给水设备等稳压设施维持雨淋阀入口前管道内的充水压力。发生火灾，由火灾自动报警系统联动开启雨淋报警阀组，系统管网压力开关启动供水水泵，向系统管网和喷头供水。选项D中包括了传动管控制，故错误。

6. C　IG-541混合气体灭火剂不适用于扑救硝化纤维、硝酸钠等氧化剂或含氧化剂的化学制品火灾；钾、钠、镁、钛、锆、铀等活泼金属火灾；氢化钾、氢化钠等金属氢化物火灾；过氧化氢、联胺等自行分解的化学物质火灾；可燃固体物质的深位火灾。

7. A　IG-541混合气体灭火系统的灭火设计浓度不应小于灭火浓度的1.3倍。

8. D　当高层建筑最低消火栓栓口处的静水压力大于1 MPa，或系统工作压力大于2.4 MPa时，应采取分区消防给水方式。

9. C　火灾时可立即切断的非消防电源有普通电力负荷、自动扶梯、排污泵、空调用电、康乐设施、厨房设施等。火灾时不应立即切断的非消防电源有：正常照明、生活给水泵、安全防范系统设施、地下排水泵、客梯和Ⅰ～Ⅲ类汽车库作为车辆疏散口的提升机等。

10. D　工艺装置区的室内消火栓应设置在工艺装置休息平台处。

11. C　水雾喷头的平面布置方式可为矩形或菱形。

12. A　保护对象为 1 000 V 及以下的配电线路，测温式电气火灾监控探测器应采用接触式设置。保护对象为 1 000 V 以上的供电线路，测温式电气火灾监控探测器宜选择光栅光纤测温式或红外测温式电气火灾监控探测器。

13. A　感烟火灾探测器在格栅吊顶场所的位置：①镂空面积与总面积的比例不大于15% 时，探测器应设置在吊顶下方；②镂空面积与总面积的比例大于 30% 时，探测器应设置在吊顶上方；③镂空面积与总面积的比例为 15% ～ 30% 时，探测器的设置部位应根据实际试验结果确定；④探测器设置在吊顶上方且火警确认灯无法观察到时，应在吊顶下方设置火警确认灯；⑤地铁站台等有活塞风影响的场所，镂空面积与总面积的比例为30% ～ 70% 时，探测器宜同时设置在吊顶上方和下方。

14. A　消防控制室内设备面盘前的操作距离，单列布置时不应小于 1.5 m；双列布置时不应小于 2 m；在值班人员经常工作的一面，设备面盘至墙的距离不应小于 3 m；设备面盘后的维修距离不宜小于 1 m；设备面盘的排列长度大于 4 m 时，其两端应设置宽度不小于 1 m 的通道。

15. D　根据《消防安全技术实务（2018 年版）》表 3—3—1 的规定，总建筑面积小于 1 000 m^2 的地下商场的火灾危险等级为中危险Ⅰ级。

16. D　细水雾灭火系统适用于扑救可燃固体火灾、可燃液体火灾、电气火灾等，不适用于扑救遇水能发生剧烈反应或产生大量有害物质的活泼金属火灾、可燃气体火灾和可燃固体深位火灾。纸张火灾属于可燃固体火灾，汽油火灾属于可燃液体火灾，变压器火灾属于电气火灾，液化天然气火灾属于可燃气体火灾。

17. D　监控中心的火灾报警信息、建筑消防设施运行状态信息等记录应备份，其保存周期不少于 1 年。

18. D　座位数超过 1 500 个的电影院、座位数超过 3 000 个的体育馆应按二级负荷供电。省（市）级及以上的广播电视建筑应按二级负荷供电。

19. B　消防水泵的吸水管穿越消防水池时，应采用柔性套管；当采用刚性防水套管时应在水泵吸水管上设置柔性接头，且管径不应大于 *DN*150 mm。

20. C　灯具在蓄电池电源供电时的持续应急工作时间：①建筑高度大于 100 m 的民用建筑，不应小于 90 min，选项 C 错误；②医疗建筑、老年人建筑、总建筑面积大于100 000 m^2 的公共建筑和总建筑面积大于 20 000 m^2 的地下、半地下建筑，不应小于

60 min，选项 A、B、D 正确；③其他建筑不应小于 30 min。

21. C　消防给水系统稳压泵的设计流量不应小于消防给水系统管网的正常泄漏量和系统自动启动流量。

22. D　当消防电源由自备发电机组提供备用电源时，消防用电负荷为一级或二级的要设置自动和手动启动装置，并在 30 s 内供电；当采用中压柴油发电机组时，火灾确认后要在 60 s 内供电，选项 A 正确。消防水泵、喷淋水泵、水幕泵和消防电梯要由变配电站或主配电室直接出线，选项 B 正确。消防水泵、防烟排烟风机和正压送风机等消防设备不能采用变频调速器作为控制装置，选项 C 正确。主消防泵为电动机水泵，备用消防泵为柴油机水泵时，主消防泵可采用一路电源供电，选项 D 错误。

23. A　建筑面积在 200 m^2 及以上的公共娱乐场所的火灾危险等级为严重危险级，建筑面积在 200 m^2 以下的公共娱乐场所的火灾危险等级为中危险级。本题中的 KTV 建筑面积为 350 m^2，所以属于严重危险级。对于 A 类火灾严重危险级场所，手提式灭火器的最大保护距离为 15 m。

24. A　消防水池的总蓄水有效容积大于 500 m^3 时，宜设两格能独立使用的消防水池；当大于 1 000 m^3 时，应设置能独立使用的两座消防水池。

25. D　电子信息机房、通信机房等电子机房的细水雾系统设计喷雾时间不少于 30 min。

26. C　当保护对象为球罐时，水雾喷头沿球罐纬线方向应相交，沿经线方向应相接；球罐容积等于或大于 1 000 m^3 时，水雾喷头沿球罐纬线方向应相交，沿经线方向应相接，但赤道以上环管之间的距离不应大于 3.6 m。

27. C　人员、可燃物较多的丙类生产场所，丙类厂房中建筑面积大于 300 m^2 且经常有人停留或可燃物较多的地上房间，建筑面积大于 5 000 m^2 的丁类生产车间，占地面积大于 1 000 m^2 的丙类仓库等工业建筑的场所内或部位中应设置排烟设施。选项 C 正确。

28. C　选项 A 属于按使用的灭火剂分类，选项 B 属于按结构特点分类，选项 D 属于按加压方式分类。

29. C　建筑高度大于 50 m 的公共建筑、工业建筑和建筑高度大于 100 m 的住宅建筑，其防烟楼梯间、消防电梯前室应采用机械加压送风方式的防烟系统，选项 A 错误。建筑高度大于 100 m 的高层建筑，其送风系统应竖向分段设计，且每段高度不应超过 100 m。选项 B 错误。人防工程的下列位置应设置机械加压送风防烟设施：防烟楼梯间及其前室或合用前室，避难走道的前室，选项 C 正确。当防烟楼梯间采用机械加压送风方式的防烟系统时，楼梯间应设置机械加压送风设施，独立前室可不设机械加压送风设施，但合用前室应设机械加压送风设施，选项 D 错误。

30. A　题目中养老院的老人住宿床位数为 80 张，属于 A 类火灾严重危险级配置场所。A 类火灾严重危险级配置场所单具灭火器的最低配置基准应为 3A；当配置手提式灭火器时，A 类火灾严重危险级配置场所最大保护距离应为 15 m。

31. C　消防控制室图形显示装置与火灾报警控制器、消防联动控制器、电气火灾监控器、可燃气体报警控制器等消防设备之间，应采用专用线路连接。

32. C　感烟火灾探测器在格栅吊顶场所的位置：①镂空面积与总面积的比例不大于 15% 时，探测器应设置在吊顶下方；②镂空面积与总面积的比例大于 30% 时，探测器应设置在吊顶上方；③镂空面积与总面积的比例为 15% ~ 30% 时，探测器的设置部位应根据实际试验结果确定；④探测器设置在吊顶上方且火警确认灯无法观察到时，应在吊顶下方设置火警确认灯；⑤地铁站台等有活塞风影响的场所，镂空面积与总面积的比例为 30% ~ 70% 时，探测器宜同时设置在吊顶上方和下方。

33. C　任意一台消防联动控制器地址总数或火灾报警控制器（联动型）所控制的各类模块总数不应超过 1 600 点，每一联动总线回路连接设备的总数不宜超过 100 点，且应留有不少于额定容量 10% 的余量。本题中需要配备总数 1 600 点的联动控制模块，同时还要考虑 10% 的余量（160 点），所以应设置的消防联动控制器或联动型火灾报警控制器数量为 1 760 ÷ 1 600=1.1 个，实际取 2 个。

34. A　总建筑面积为 5 000 m^2 及以上的商场的火灾危险等级为中危险Ⅱ级。

35. A　水喷雾灭火系统可用于扑救固体火灾、可燃液体火灾（包括丙类液体火灾、饮料酒火灾等）、电气火灾。樟脑油火灾属于乙类液体火灾（选项 A 错误），人造板属于固体火灾，电缆火灾属于电气火灾，豆油火灾属于丙类液体火灾。

36. B　城市消防远程监控系统由用户信息传输装置、报警传输网络、监控中心和火警信息终端等几部分组成。

37. A　建筑高度为 80 m 的办公建筑属于一类高层建筑，一类高层建筑的消防用电应按一级负荷供电，以下供电方式可视为一级负荷供电：①电源来自两个不同的发电厂。②电源来自两个区域变电站（电压在 35 kV 及以上）。③电源一个来自区域变电站，同时另设一台自备发电机组。根据上述要求，选项 A 不符合要求。

38. B　室内消火栓的设置应符合下列要求：①设置室内消火栓的建筑，包括设备层在内的各层均应设置消火栓，选项 B 错误；②屋顶设有直升机停机坪的建筑，应在停机坪出入口处或非电气设备机房处设置消火栓，且距停机坪机位边缘的距离不应小于 5.0 m，选项 D 正确；③消防电梯前室应设置室内消火栓，并应计入消火栓使用数量，选项 A 正确；④冷库的室内消火栓应设置在常温穿堂或楼梯间内，选项 C 正确。

39. C　灯具在蓄电池电源供电时的持续应急工作时间：①建筑高度大于 100 m 的民用建筑，不应小于 90 min，选项 C 错误；②医疗建筑、老年人建筑、总建筑面积大于 100 000 m^2 的公共建筑和总建筑面积大于 20 000 m^2 的地下、半地下建筑，不应小于 60 min，选项 A、B、D 正确；③其他建筑不应小于 30 min。

40. B　探测气体密度小于空气密度的可燃气体探测器应设置在被保护空间的顶部，探测气体密度大于空气密度的可燃气体探测器应设置在被保护空间的下部，探测气体密度与空气密度相当的可燃气体探测器应设置在被保护空间的中间部位或顶部。

41. C　一、二级耐火等级单、多层民用建筑的防火分区最大允许建筑面积为 2 500 m^2。当建筑内设置自动喷水灭火系统时，防火分区最大允许建筑面积可增加 1 倍。在设有闭式自动喷水灭火系统的建筑中，除报警阀组控制的洒水喷头仅保护不超过防火分区面积的同层场所外，每个防火分区、每个楼层均应设水流指示器。本题中地上商店为 2 层，每层面积为 6 000 m^2，所以应当至少设置 4 个水流指示器。

42. C　消防水泵、防烟排烟风机及消防电梯的两路低压电源应能在设备机房内自动切换，选项 A 正确，其他消防设备的电源应能在每个防火分区配电间内自动切换，消防控制室的两路低压电源应能在消防控制室内自动切换。消防负荷的配电线路所设置的保护电器要具有短路保护功能，但不宜设置过负荷保护装置，如设置只能动作于报警而不能用于切断消防供电，选项 B 正确。消防负荷的配电线路不能设置剩余电流动作保护和过、欠电压保护，选项 C 错误、选项 D 正确。

43. D　手提式二氧化碳灭火器的结构与其他手提式灭火器的结构基本相似，只是二氧化碳灭火器的充装压力较大，取消了压力表，增加了安全阀。

44. D　第一类危险源是指产生能量的能量源或拥有能量的载体，它的存在是事故发生的前提，没有第一类危险源就谈不上能量或危险物质的意外释放，也就无所谓事故；第二类危险源是指导致约束、限制能量屏蔽措施失效或破坏的各种不安全因素。第一类危险源包括可燃物、火灾烟气及燃烧产生的有毒、有害气体成分，第二类危险源是人们为了防止火灾发生、减小火灾损失所采取的消防措施中的隐患。柴油罐内的柴油是产生能量的能量源，属于第一类危险源，选项 D 正确。

45. D　对于开式细水雾灭火系统，采用自动控制方式时，火灾发生后，报警控制器收到两个独立的火灾报警信号后，自动启动系统控制阀组和消防水泵并向系统管网供水，水雾喷头喷出细水雾，实施灭火，选项 A、B 正确。除喷头不同外，闭式细水雾灭火系统的工作原理与闭式自动喷水灭火系统相同，闭式自动喷水灭火系统在喷头动作后，由压力开关直接联锁自动启动，选项 C 正确、选项 D 错误。

46. A　传动管启动水喷雾灭火系统是以传动管作为火灾探测系统，传动管内充满压缩空气或压力水，当传动管上的闭式喷头受火灾高温影响后，传动管内的压力迅速下降，打开封闭的雨淋阀，选项 A 错误、选项 B 正确。传动管启动水喷雾灭火系统按传动管内的充压介质不同，可分为充液传动管和充气传动管，选项 C、D 正确。

47. C　根据《建筑设计防火规范》（GB 50016），建筑的下列场所或部位应设置防烟设施：（1）防烟楼梯间及其前室；（2）消防电梯间前室或合用前室；（3）避难走道的前室、避难层（间）。建筑高度不大于 50 m 的公共建筑、厂房、仓库和建筑高度不大于 100 m 的住宅建筑，当其防烟楼梯间的前室或合用前室符合下列条件之一时，楼梯间可不设置防烟系统：（1）前室或合用前室采用敞开的阳台、凹廊；（2）前室或合用前室具有不同朝向的可开启外窗，且可开启外窗的面积满足自然排烟口的面积要求。选项 C 为建筑高度不大于 100 m 的住宅建筑，符合楼梯间不设置防烟系统的条件。其余选项均为建筑高度大于 50 m 的公共建筑或厂房。

48. A 根据《建筑设计防火规范》（GB 50016）的规定，隧道内机械排烟系统的设置应符合下列规定：①长度大于 3 000 m 的隧道，宜采用纵向分段排烟方式或重点排烟方式；②长度不大于 3 000 m 的单洞单向交通隧道，宜采用纵向排烟方式；③单洞双向交通隧道，宜采用重点排烟方式。

49. B 选项 A 属于按使用的灭火剂分类，选项 C 属于按应用方式分类，选项 D 属于按加压方式分类。

50. D 在宽度小于 3 m 的内走道顶棚上设置点型探测器时，宜居中布置。感温火灾探测器的安装间距不应超过 10 m；感烟火灾探测器的安装间距不应超过 15 m；探测器至端墙的距离，不应大于探测器安装间距的 1/2。题目中走道宽度为 2.1 m，设置感烟火灾探测器，走道长度为 51 m，所以设置的探测器数量为不少于 51 ÷ 15=3.4，取 4 只。

51. A 选项中各厂房的火灾危险性类别为：服装加工厂房为丙类；机械修理厂、汽车厂总装厂房为戊类；金属冶炼厂房为丁类。

根据《建筑设计防火规范》（GB 50016）的规定，高层建筑，人员密集的公共建筑，人员密集的多层丙类厂房，甲、乙类厂房，其封闭楼梯间的门应采用乙级防火门，并应向疏散方向开启；其他建筑，可采用双向弹簧门。

52. C 甲、乙、丙类液体储罐区宜选用低倍数泡沫灭火系统。非水溶性甲、乙、丙液体固定顶储罐，可选用液上喷射、液下喷射或半液下喷射系统；水溶性甲、乙、丙类液体固定顶储罐，应选用液上喷射或半液下喷射系统；外浮顶和内浮顶储罐应选用液上喷射系统；非水溶性液体外浮顶储罐、内浮顶储罐、直径大于 18 m 的固定顶储罐以及水溶性液体的立式储罐，不得选用泡沫枪作为主要灭火设施；高度大于 7 m、直径大于 9 m 的固定顶储罐，不得选用泡沫枪作为主要灭火设施。

53. D 液上喷射系统是指泡沫从液面上喷入被保护储罐内的灭火系统。液下喷射系统是指泡沫从液面下喷入被保护储罐内的灭火系统。半液下喷射系统是指泡沫从储罐底部注入，并通过软管浮升到液体燃料表面进行灭火的泡沫灭火系统。

54. B 根据《汽车库、修车库、停车场设计防火规范》（GB 50067）的规定，停车数量不大于 50 辆的室内无车道且无人员停留的机械式汽车库，可采用二氧化碳等气体灭火系统。本题汽车库的停车位大于 50 个，故不适用二氧化碳灭火系统。

55. C 根据《水喷雾灭火系统技术规范》（GB 50219）的规定，着火的地上固定顶储罐及距着火储罐罐壁 1.5 倍着火罐直径范围内的相邻地上储罐应同时冷却，当相邻地上储罐超过3座时，可按3座较大的相邻储罐计算消防冷却水用量。

56. A　根据《建筑设计防火规范》（GB 50016）的规定，下列建筑应设置消防电梯：①建筑高度大于33 m的住宅建筑；②一类高层公共建筑和建筑高度大于32 m的二类高层公共建筑；③设置消防电梯的建筑的地下或半地下室，埋深大于10 m且总建筑面积大于3 000 m^2的其他地下或半地下建筑（室）。

57. B　划分防烟分区的构件主要有挡烟垂壁、隔墙、防火卷帘、建筑横梁等，选项A正确。设置排烟系统的场所或部位应划分防烟分区，选项B错误。防烟分区不应跨越防火分区，选项C正确。当建筑横梁的高度超过50 cm时，该横梁可作为挡烟设施使用，选项D正确。

58. B　火灾报警控制器和消防联动控制器安装在墙上时，其主显示屏高度宜为1.5～1.8 m，选项C正确。手动火灾报警按钮应设置在明显和便于操作的地方，当安装在墙上时，其底边距地面高度宜为1.3～1.5 m，且应有明显的标志，选项A正确。壁挂扬声器的底边距地面高度应大于2.2 m，选项B错误。电话插孔在墙上安装时，其底边距地面高度宜为1.3～1.5 m，选项D正确。

59. A　根据《消防给水及消火栓系统技术规范》（GB 50974）的规定，室内消火栓的布置应满足同一平面有2支消防水枪的2股充实水柱同时达到任何部位的要求，但建筑高度小于或等于24 m且体积小于或等于5 000 m^3的多层仓库、建筑高度小于或等于54 m且每单元设置一部疏散楼梯的住宅，可以采用1支消防水枪计算消防量，规范规定可采用1支消防水枪的1股充实水柱到达室内任何部位。故该建筑每层设置一个消火栓，共16层，总数量16个。

60. B　火灾时现场环境条件势必要发生变化，从而对人员疏散造成影响。例如火灾时，正常照明电源将被切断，人们需要依靠应急照明和疏散指示来寻找疏散出口，选项A正确；再如原有正常行走路线一旦被防火卷帘截断，人们需要重新选择疏散路线，选项C正确；又如自动喷水灭火系统启动后，在控制火灾的同时也会对人员疏散产生影响，选项D正确。

61. D　根据《建筑设计防火规范》（GB 50016）的规定，该建筑为二类高层公共建筑。根据《消防给水及消火栓系统技术规范》（GB 50974）的规定，二类高层公共建筑消火栓设计流量至少为20 L/s，每根竖管最小流量为10 L/s，故该办公楼每层设置的消火栓竖管数量不应小于4支，应考虑每个消火栓配置2支消防水枪。室内消火栓宜按直线距离计算其布置间距，消火栓按2支消防水枪的2股充实水柱布置的建筑物，消火栓的布置间距不应大于30 m。对于本题，配置两个消火栓后，按照最不利考虑，任意一个消火栓到房间最远点行走距离为27 m，可以满足要求。

62. B　二氧化碳的灭火主要在于窒息，其次是冷却。

63. D　根据规范，加气站、加油加气合建站应设置可燃气体检测报警系统，可燃气体检测器一级报警设定值应小于或等于可燃气体爆炸下限的25%。

64. C　预作用系统选用预作用报警阀组，湿式系统选用湿式报警阀组，雨淋系统、防火冷却水幕系统选用雨淋报警阀组。

65. B　该堆场的室外消火栓数量为 55 ÷ 15 ≈ 3.67，取 4 个。

66. A　在不设吊顶的场所内设置喷头，当配水支管布置在梁下时，应采用直立型喷头。

67. A　根据《建筑内部装修设计防火规范》（GB 50222）的规定，除规范第 4 章规定的场所和本规范表 5.1.1 中序号为 11 ～ 13 规定的部位外，当单层、多层民用建筑需做内部装修的空间内同时装有火灾自动报警装置和自动灭火系统时，其装修材料的燃烧性能等级可在表 5.1.1 规定的基础上降低一级。对于本题中的老年人居住和活动场所，其顶棚装饰材料的燃烧性能等级在 A 级的基础上降低一级，为 B_1 级。

68. A　当消防电源由自备应急发电机组提供备用电源时，消防用电负荷为一级或二级的要设置自动和手动启动装置，并在 30 s 内供电。建筑高度为 50 m 的宾馆属于一类高层建筑，按一级消防用电负荷供电。防排烟风机的两路低压电源应能在设备机房内自动切换。

69. D　探测气体密度小于空气密度的可燃气体探测器应设置在保护空间的顶部，探测气体密度大于空气密度的可燃气体探测器应设置在保护空间的下部，探测气体密度与空气密度相当的可燃气体探测器可设置在被保护空间的中间部位或顶部。

70. B　根据《建筑设计防火规范》（GB 50016）的规定，住宅部分与非住宅部分之间，应采用耐火极限不低于 2.00 h 且无门、窗、洞口的防火隔墙和 1.50 h 的不燃性楼板完全分隔；当为高层建筑时，应采用无门、窗、洞口的防火墙和耐火极限不低于 2.00 h 的不燃性楼板完全分隔。

71. D　根据《建筑设计防火规范》（GB 50016）的规定，建筑内的安全出口和疏散门应分散布置，且建筑内每个防火分区或一个防火分区的每个楼层、每个住宅单元每层相邻两个安全出口以及每个房间相邻两个疏散门最近边缘之间的水平距离不应小于 5 m。选项 A、C 正确。建筑面积不大于 200 m^2 的地下或半地下设备间、建筑面积不大于 50 m^2 且经常停留人数不超过 15 人的其他地下或半地下房间，可设置 1 个疏散门。民用建筑和厂房的疏散门，应采用向疏散方向开启的平开门，不应采用推拉门、卷帘门、吊门、转门和折叠门。除甲、乙类生产车间外，人数不超过 60 人且每樘门的平均疏散人数不超过 30 人的房间，其疏散门的开启方向不限。选项 B 正确。歌舞娱乐放映游艺场所内建筑面积不大于 50 m^2 且经常停留人数不超过 15 人的厅、室可设 1 个疏散门，选项 D 错误。

72. C　如图所示，泡沫液的投加点应在消防水泵的吸水管上。

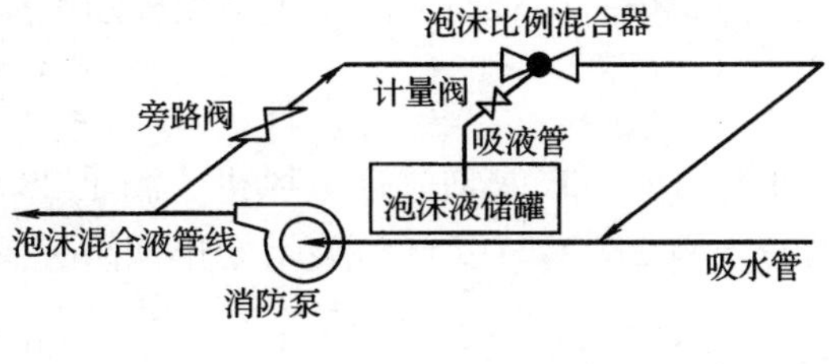

73. C 对于水喷雾灭火系统，当用于灭火目的时，系统的响应时间不应大于 60 s；当用于液化气生产、储存装置或装卸设施的防护冷却目的时，系统的响应时间不应大于 60 s；用于其他设施的防护冷却目的时，系统的响应时间不应大于 300 s。

74. D 点型探测器至空调送风口边的水平距离不应小于 1.5 m，并宜接近回风口安装。探测器至多孔送风顶棚孔口的水平距离不应小于 0.5 m。

75. C 保护对象为 1 000 V 及以下的配电线路，测温式电气火灾监控探测器应采用接触式设置。保护对象为 1 000 V 以上的供电线路，测温式电气火灾监控探测器宜选择光栅光纤测温式或红外测温式电气火灾监控探测器。

76. C 下列建筑或场所应在其内疏散走道和主要疏散路线的地面上增设能保持视觉连续的灯光疏散指示标志或蓄光疏散指示标志：①总建筑面积超过 8 000 m^2 的展览建筑，选项 A 错误。②总建筑面积超过 5 000 m^2 的地上商店。③总建筑面积超过 500 m^2 的地下、半地下商店，选项 D 错误。④歌舞、娱乐、放映、游艺场所，选项 C 正确。⑤座位数超过 1 500 个的电影院、剧院，座位数超过 3 000 个的体育馆、会堂或礼堂，选项 B 错误。

77. A 根据《建筑设计防火规范》（GB 50016）的规定，第一个避难层（间）的楼地面至灭火救援场地地面的高度不应大于 50 m，选项 A 错误。

78. C 建筑面积在 200 m^2 及以上的公共娱乐场所属于严重危险级场所。A 类火灾场所严重危险级单具灭火器最小灭火级别为 3A。

79. A 根据《建筑内部装修设计防火规范》（GB 50222）对固定家具的定义，与建筑结构固定在一起或不易改变位置的家具，属于固定家具。

80. B 火灾危险源中的人为因素主要包括用火不慎引起火灾、不安全吸烟引起火灾和人为纵火。可燃油浸变压器油温过高引起火灾属于火灾危险源中的客观因素，人员应急反应能力、消防安全责任不属于火灾危险源范畴。

二、多项选择题（共 20 题，每题 2 分。每题的备选项中，有 2 个或 2 个以上符合题意，至少有 1 个错项。错选，本题不得分；少选，所选的每个选项得 0.5 分）

81. ABDE 窒息是通过降低燃烧现场局部氧气含量达到灭火效果的，所以具备窒息灭火效能的灭火剂大都为气态或者能在气相起到稀释作用。直流水的灭火机理为冷却、水的汽化吸热。

82. CE 直立型、下垂型标准覆盖面积喷头和扩大覆盖面积喷头的溅水盘与顶板的距离不应小于 75 mm，且不应大于 150 mm，选项 C 正确。当在梁间布置洒水喷头时，洒水喷头与梁的距离应符合相关规定，确有困难时，溅水盘与顶板的距离不应大于 550 mm，选项 E 正确。

83. CDE 排烟风机可采用离心式或轴流排烟风机（满足 280℃时连续工作 30 min 的要求），排烟风机入口处应设置 280℃时能自动关闭的排烟防火阀，该阀应与排烟风机联锁，当该阀关闭时，排烟风机应能停止运转，选项 C 正确。当发生火灾时，由火灾自动报警系统联动开启排烟区域的排烟阀（口），应在现场设置手动开启装置，选项 D、E 正确。消防水泵、防烟排烟风机及消防电梯的两路低压电源应能在设备机房内自动切换，其他消防设备的电源应能在每个防火分区配电间内自动切换，选项 B 错误。高温烟管的水平支管不能设置在楼层的配电间内，有可能会因为高温破坏绝缘，进而造成火灾隐患，选项 A 错误。

84. ACE　根据《建筑设计防火规范》（GB 50016）的规定，公共建筑内房间的疏散门数量应经计算确定且不应少于 2 个。歌舞娱乐放映游艺场所内建筑面积不大于 50 m^2 且经常停留人数不超过 15 人的厅、室可设一个疏散门，选项 A 正确，选项 B 错误。地下一层的建筑面积为 1 500 m^2，设置设备用房和夜总会，夜总会所在空间又划分为 3 个防烟分区，每个防烟分区的面积，符合要求，选项 C 正确。夜总会厅、室之间及与建筑的其他部位之间，应采用耐火极限不低于 2.00 h 的防火隔墙和 1.00 h 的不燃性楼板分隔，选项 D 错误、选项 E 正确。

85. ABDE　根据《装卸油品码头防火设计规范》（JTJ 237）的规定，油品码头宜布置在港口的边缘地区，选项 A 正确。装卸甲、乙类油品的泊位与明火或散发火花地点的防火间距不应小于 40 m，选项 B 正确。甲、乙类油品码头前沿线与陆上储油罐的防火间距不应小于 50 m，选项 C 错误。油品泊位的码头结构应采用不燃烧材料，选项 D 正确。油品码头上应设置必要的人行通道和检修通道并应采用不燃性或阻燃性材料，选项 E 正确。

86. ABD　气体灭火控制器直接连接火灾探测器时，气体灭火系统的联动控制设计：（1）由同一防护区域内的两只独立的火灾探测器的报警信号、一只火灾探测器与一只手动火灾报警按钮的报警信号作为系统的联动触发信号，探测器的组合宜采用感烟火灾探测器和感温火灾探测器。选项 C 错误。（2）任一防护区域内设置的感烟火灾探测器、其他类型火灾探测器或手动火灾报警按钮的首次报警信号作为系统的首个联动触发信号，气体灭火控制器在接收到首个联动触发信号后，启动设置在该防护区内的火灾声光警报器。（3）同一防护区域内与首次报警的火灾探测器或手动火灾报警按钮相邻的感温火灾探测器、火焰探测器或手动火灾报警按钮的报警信号作为系统的后续联动触发信号，气体灭火控制器在接收到后续联动触发信号后，执行以下联动操作，①关闭防护区域的送、排风机及送、排风阀门；②停止通风和空气调节系统及关闭设置在该防护区域的电动防火阀，选项 B 正确、选项 E 错误；③联动控制防护区域开口封闭装置的启动，包括关闭防护区域的门、窗，选项 A 正确；④启动气体灭火装置，气体灭火控制器可设定不大于 30 s 的延迟时间。（4）气体灭火防护区出口外上方应设置表示气体喷洒的火灾声光警报器，指示气体释放的声信号应与该保护对象中设置的火灾声光警报器的声信号有明显区别。启动气体灭火装置的同时，应启动设置在防护区入口处表示气体喷洒的火灾声光警报器；组合分配系统应首先开启相应防护区域的选择阀，然后启动气体灭火装置，选项 D 正确。

87. ABDE　安全检查表法的编制与实施步骤包括：①确定系统，即确定所需检查的对象，选项 A 正确；②找出危险点，选项 B 正确；③确定项目与内容，编制成表，选项 D、

E 正确；④检查应用；⑤整改；⑥反馈。

88. ABCE 根据《建筑设计防火规范》（GB 50016）的规定，场地应与消防车道连通，场地靠建筑外墙一侧的边缘距离建筑外墙不宜小于 5 m，且不应大于 10 m，场地的坡度不宜大于 3%。选项 A、C 正确。场地的长度和宽度分别不应小于 15 m 和 10 m。选项 B 正确。高层建筑应至少沿一个长边或周边长度的 1/4 且不小于一个长边长度的底边连续布置消防车登高操作场地，该范围内的裙房进深不应大于 4 m。建筑高度不大于 50 m 的建筑，连续布置消防车登高操作场地确有困难时，可间隔布置，但间隔距离不宜大于 30 m，且消防车登高操作场地的总长度仍应符合上述规定。选项 D 错误。场地及其下面的建筑结构、管道和暗沟等，应能承受重型消防车的压力。选项 E 正确。

89. ACD 根据《建筑设计防火规范》（GB 50016）的规定，厂房的防火分区面积根据其生产的火灾危险性类别、厂房的层数和厂房的耐火等级等因素确定。

90. BCD 古建筑内严禁使用卤钨灯等高温照明灯具和电炉等电加热器具，不准使用荧光灯和大于 60 W 的白炽灯。选项 A 错误。古建筑内燃灯、点烛、烧香等用火，应在室外固定位置，并由专人负责看管。选项 E 错误。

91. AB 湿式系统适合于在温度不低于 4℃且不高于 70℃的环境中使用。干式系统适用于环境温度低于 4℃或高于 70℃的场所。预作用系统在低温和高温环境中可替代干式系统；在处于准工作状态时，严禁管道充水、严禁系统误喷的忌水场所应采用预作用系统。雨淋系统主要适用于需大面积喷水、快速扑灭火灾的特别危险场所。自动喷水—泡沫联用系统是在闭式系统的基础上，配置了供给泡沫混合液的设备。本题中是环境温度低于 4℃且未设置采暖设施的地上汽车库，不适合安装自动喷水—泡沫联用系统、湿式系统，无须设置雨淋系统。

92. ABCE 根据《汽车库、修车库、停车场设计防火规范》（GB 50067）的规定，地下、半地下汽车库内不应设置修理车位、喷漆间、充电间、乙炔间和甲、乙类物品库房。汽车库和修车库内不应设置汽油罐、加油机、液化石油气或液化天然气储罐、加气机。

93. BCD 湿式系统和干式系统的联动控制设计：报警阀压力开关的动作信号作为触发信号，直接连锁控制消防泵控制箱（柜）启动喷淋消防泵，系统的连锁启动不受消防联动控制器处于自动或手动状态的影响，选项 B、C 正确。消火栓系统的联动控制设计：消火栓系统出水干管上设置的低压压力开关、高位消防水箱出水管上设置的流量开关或报警阀压力开关等信号作为触发信号，直接连锁控制消防泵控制箱（柜）启动消火栓泵，消火栓泵的连锁启动不受消防联动控制器处于自动或手动状态的影响，选项 D 正确。

94. ACD 应采用 *DN*65 mm 的室内消火栓，选项 A 正确。配置公称直径 65 mm 有内衬里的消防水带，长度不宜超过 25 m，选项 E 错误。本题中的建筑为建筑高度为 23.8 m 的 4 层商业建筑，属于低、多层建筑，消火栓栓口动压不应小于 0.25 MPa，选项 B 错误、选项 C 正确，消防水枪充实水柱应达到 10 m，选项 D 正确。

95. ABCD　根据《建筑设计防火规范》(GB 50016）的规定，多层公共建筑的疏散楼梯，除与敞开式外廊直接相连的楼梯间外，均应采用封闭楼梯间。具体如下：①医疗建筑、旅馆、老年人建筑；②设置歌舞娱乐放映游艺场所的建筑；③商店、图书馆、展览建筑、会议中心及类似使用功能的建筑；④6层及以上的其他建筑。选项A、B、D正确。高层厂房和甲、乙、丙类多层厂房的疏散楼梯应采用封闭楼梯间或室外楼梯。选项C正确。室内地面与室外出入口地坪高差大于10 m或3层及以上的地下、半地下建筑（室），其疏散楼梯应采用防烟楼梯间。选项E错误。

96. ABDE　根据《建筑设计防火规范》(GB 50016）的规定，建筑外墙采用内保温系统时，除人员密集场所外的其他场所，应采用低烟、低毒且燃烧性能不低于B_1级的保温材料，选项A符合规范，选项C不符合。与基层墙体、装饰层之间无空腔的建筑外墙外保温系统，对于建筑高度不大于27 m的住宅建筑，保温材料的燃烧性能不应低于B_2级，选项B、D、E均符合规范。

97. BDE　人员的自身条件、人员密度和建筑的情况均对人员的行走速度有一定的影响。

98. CD　根据《汽车加油加气站设计与施工规范》(GB 50156）的规定，加油加气站的LPG（即液化石油气）设施应设置消防给水系统。

99. ABCD　根据《人民防空工程设计防火规范》(GB 50098）的规定，避难走道的装修材料燃烧性能等级应为A级，选项E错误。

100. BCD　根据《建筑设计防火规范》(GB 50016）的规定，食用油加工厂属于甲类厂房，变、配电站不应设置在甲、乙类厂房内或贴邻，且不应设置在爆炸性气体、粉尘环境的危险区域内。选项A错误。甲、乙类厂房内设置的中间仓库应靠外墙布置，其储量不宜超过1昼夜的需要量；甲、乙、丙类中间仓库应采用防火墙和耐火极限不低于1.50 h的不燃性楼板与其他部位分隔。选项B正确。有爆炸危险的甲、乙类厂房的分控制室宜独立设置，当贴邻外墙设置时，应采用耐火极限不低于3.00 h的防火隔墙与其他部位分隔。选项C正确。有爆炸危险的厂房平面布置最好采用矩形，与主导风向应垂直或夹角不小于45°，选项D正确。办公室、休息室等不应设置在甲、乙类厂房内，确需贴邻本厂房时，其耐火等级不应低于二级，并应采用耐火极限不低于3.00 h的防爆墙与厂房分隔。且应设置独立的安全出口，选项E错误。

消防安全技术实务
模拟测试（四）参考答案及解析

一、单项选择题（共 80 题，每题 1 分，每题的备选项中，只有 1 个最符合题意）

1. D　燃烧发生和发展的四个必要条件，即引火源、可燃物、助燃物和链式反应自由基。

2. D　根据《建筑设计防火规范》（GB 50016）的规定，散发较空气重的可燃气体、可燃蒸气的甲类厂房和有粉尘、纤维爆炸危险的乙类厂房，应采用不发火花的地面。采用绝缘材料作整体面层时，应采取防静电措施。散发可燃粉尘、纤维的厂房，其内表面应平整、光滑，并易于清扫。厂房内不宜设置地沟，确需设置时，其盖板应严密，地沟应采取防止可燃气体、可燃蒸气和粉尘、纤维在地沟积聚的有效措施，且应在与相邻厂房连通处采用防火材料密封。

3. B　根据《爆炸危险环境电力装置设计规范》（GB 50058）的规定，对于爆炸性气体和粉尘同时存在的区域，其防爆电气设备的选择应该既要满足爆炸性气体的防爆要求，又要满足爆炸性粉尘的防爆要求，其防爆标志同时包括气体和粉尘的防爆标识。

4. B　根据《建筑设计防火规范》（GB 50016）的规定，面粉碾磨车间的生产危险性为乙类。本题注意区分面粉储存仓库的火灾危险性是丙类。

5. C　根据《建筑设计防火规范》（GB 50016）的规定，百货、塑料玩具属于可燃固体应为丙类，陶瓷器具、玻璃制品、自行车等属于不燃烧物品应为戊类，火灾危险性应按最高级别来确定。

6. B　根据《建筑设计防火规范》（GB 50016）的规定，丙类厂房内含有燃烧或爆炸危险的粉尘、纤维的空气，在循环使用前应经净化处理，并应使空气中的含尘浓度低于其爆炸下限的 25%。

7. C　地下场所需配的最小灭火级别应在地上场所的基础上增加 30%。

8. B　划分防烟分区的构件主要有挡烟垂壁、隔墙、防火卷帘、建筑横梁等。防火水幕具有阻火、冷却、隔离的作用，但不能作为防烟设施。

9. B　在值班人员经常工作的一面，设备面盘至墙的距离不应小于 3 m。

10. C 设置排烟系统的场所或部位应划分防烟分区，自然排烟不属于排烟系统，所以选项 B 正确。对于建筑高度小于等于 50 m 的公共建筑、工业建筑和建筑高度小于等于 100 m 的住宅建筑，由于这些建筑受风压作用影响较小，利用建筑本身的采光通风也可基本起到防止烟气进一步进入安全区域的作用，因此，其防烟楼梯的楼梯间、独立前室、合用前室及消防电梯前室宜采用自然通风方式的防烟系统，所以选项 D 正确、选项 C 错误。敞开式汽车库以及建筑面积小于 1 000 m^2 的地下一层汽车库、修车库，其汽车进出口可直接排烟，且不大于一个防烟分区，可不设排烟系统，所以选项 A 正确。

11. D 气体灭火防护区宜以单个封闭空间划分，采用管网灭火系统时，一个防护区的面积不宜大于 800 m^2，且容积不宜大于 3 600 m^3。因此按面积计算，单层防护区个数 = 1 200 ÷ 800=1.5（个），取 2 个，5 层应设防护区共 10 个；按体积计算，单层防护区个数为（1 200 × 5）÷ 3 600=1.7（个），取 2 个，5 层应设防护区共 10 个。综合面积和容积两个方面因素，该建筑的气体灭火系统防护区最少应划分为 10 个。

12. A 液化石油气储罐区宜布置在本单位或本地区全年最小频率风向的上风侧，并选择通风良好的地点独立设置。

13. B 修车库类别主要根据停车（车位）数量和总面积来确定，修车库车位数大于 5 辆且小于等于 15 辆，为Ⅱ类修车库。

14. A MF 指干粉灭火器；型号最后面的阿拉伯数字代表充装灭火剂的重量，一般单位为 kg；灭火器的结构特征有手提式（S）、推车式（T）、鸭嘴式（Y）、舟车式（Z）、背负式（B）五种，如为手提式，“S” 可省略不写；ABC 指磷酸铵盐。

15. A 根据《建筑设计防火规范》（GB 50016）的规定，可燃气体和甲、乙、丙类液体管道不应穿过防火墙。防火墙内不应设置排气道。选项 A 中柴油属于丙类液体，其输送管道不能穿过防火墙。

16. D 建筑室外消火栓的数量应根据室外消火栓设计流量和保护半径经计算确定，每个室外消火栓的出流量宜按 10 ~ 15 L/s 计算。本题中室外消火栓设计流量为 40 L/s，用水量为 15 L/s 时，所需的消火栓最少。此时，消火栓个数为 40 ÷ 15 ≈ 2.67（个），取 3 个。室外消火栓宜沿建筑周围均应布置，且不宜集中布置在建筑一侧；建筑消防扑救面一侧的室外消火栓数量不宜少于 2 个；室外消火栓的保护半径不应大于 150 m。本题中，建筑东西长为 100 m，所以沿该建筑南侧消防扑救面设置的室外消火栓数量，不应少于 2 个。

17. C 建筑高度大于 50 m 的公共建筑、工业建筑和建筑高度大于 100 m 的住宅建筑，其防烟楼梯间、消防电梯前室应采用机械加压送风方式的防烟系统。

18. D 根据《建筑设计防火规范》（GB 50016）的规定，托儿所、幼儿园的儿童用房，老年人活动场所和儿童游乐厅等儿童活动场所宜设置在独立的建筑内，且不应设置在地下或半地下；当采用一、二级耐火等级的建筑时，不应超过 3 层；采用三级耐火等级的建筑时，不应超过 2 层；采用四级耐火等级的建筑时，应为单层。确需设置在其他民用建筑内时，应符合下列规定：①设置在一、二级耐火等级的建筑内时，应布置在首层、二层或三层；②设置在三级耐火等级的建筑内时，应布置在首层或二层；③设置在四级耐火等级的建筑内时，应布置在首层；④设置在高层建筑内时，应设置独立的安全出口和疏散楼梯；⑤设置在单、多层建筑内时，宜设置独立的安全出口和疏散楼梯。选项 A，没有设置独立的安全出口和疏散楼梯；选项 B，不应设置在四层及以上；选项 C，不应设置在地下或半地下。

19. D　区域报警系统应由火灾探测器、手动火灾报警按钮、火灾声光警报器以及火灾报警控制器等组成，系统中可包括消防控制室图形显示装置和指示楼层的区域显示器。

20. D　根据《石油化工企业设计防火规范》（GB 50160）的规定，液化烃罐组与居民区的防火间距不小于 150 m。

21. A　本题中，清水灭火器不能用于扑救白酒（易燃液体）灌装车间火灾，抗溶性泡沫灭火器、水雾灭火器、碳酸氢钠干粉灭火器均能扑救白酒灌装车间火灾。但由于白酒灌装车间易形成白酒流淌火灾，火灾面积较大，抗溶性泡沫灭火器尤为适合扑救地面流淌火灾。

22. A　根据《建筑设计防火规范》（GB 50016）的规定，建筑屋面为平屋面（包括有女儿墙的平屋面）时，建筑高度应为建筑室外设计地面至其屋面面层的高度，所以该建筑的高度为 50 m。建筑高度 24 m 以上部分任一楼层建筑面积大于 1 000 m^2 的商店、展览、电信、邮政、财贸金融建筑和其他多种功能组合的建筑为一类高层公共建筑，但多种功能组合建筑中不包含住宅与公共建筑组合建造的情况，故该建筑为二类高层公共建筑。

23. D　根据《汽车加油加气站设计与施工规范》（GB 50156）的规定，加油站的等级划分应符合下表规定：

级别	油罐容积（m^3）	
	总容积	单罐容积
一级	$150 < V \leqslant 210$	$\leqslant 50$
二级	$90 < V \leqslant 150$	$\leqslant 50$
三级	$V \leqslant 90$	汽油罐 $V \leqslant 30$，柴油罐 $V \leqslant 50$

注：柴油罐容积可折半计入油罐总容积。

该加油站油罐总容积 $V=2\times30+50\div2=85$（m^3），应为三级加油站。

24. A　常见的场模型有瑞典的 SOFIE、美国的 FDS 和英国的 JASMINE 等。

25. D　首先通过建筑高度和使用功能判定该建筑为一类高层公共建筑，该建筑及其裙房耐火等级不应低于一级。根据《建筑设计防火规范》（GB 50016）的规定，一级耐火等级建筑中疏散走道两侧的隔墙耐火极限不应小于 1.00 h，吊顶不应小于 0.25 h，选项 A、B 正确。一、二级耐火等级的歌舞娱乐放映游艺场所，位于袋形走道两侧或尽端的房间疏散门，至安全出口的距离不应大于 9 m，当设置自动喷水灭火系统时，疏散距离相应增加 25%，即不应大于 11.25 m，选项 C 正确。对于在一、二级耐火等级建筑内，疏散门不能直通室外地面或疏散楼梯间的营业厅（题中已有明确），应采用长度不大于 10 m 的疏散走道通至最近的安全出口，设置自动喷水灭火系统的情况下，疏散走道的距离可增加 25%，即不大于 12.5 m，选项 D 错误。

26. A　中倍数泡沫灭火系统宜为固定式。

27. B　根据《装卸油品码头防火设计规范》（JTJ 237）的规定，装卸甲、乙类油品的泊位与明火或散发火花地点的防火间距不应小于 40 m。

28. C　根据《汽车库、修车库、停车场设计防火规范》（GB 50067）的规定，设置自动灭火系统时（题中场所按规定应设自动灭火系统，且已明确按规定设置了消防设施），疏散距离不应大于 60 m。

29. B　半固定式系统是指由固定的泡沫产生器与部分连接管道、泡沫消防车或机动泵，用水带连接组成的灭火系统。

30. C　对于湿式系统，一个报警阀组控制的喷头数不宜超过 800 个。该商业建筑设计有 2 800 个喷头，所以报警阀的设置数量不应少于 4 个。

31. C　固定顶油罐与内浮顶油罐中倍数泡沫灭火系统的泡沫产生装置与管道布置，当中倍数泡沫产生器数量大于或等于 3 个时，可每两个产生器共享一根管道引至防火堤外。

32. B　移动式中倍数泡沫灭火系统适用于发生火灾部位难以接近的较小火灾场所、流淌面积不超过 100 m^2 的液体流淌火灾。

33. B　用于灭火时，水雾喷头的工作压力不应小于 0.35 MPa；用于防护冷却时，水雾喷头的工作压力不应小于 0.2 MPa。对甲$_B$、乙、丙类液体储罐不应小于 0.15 MPa。

34. B　机械排烟系统横向应按每个防火分区独立设置，选项 A 正确。在同一个防烟分区内不应同时采用自然排烟方式和机械排烟方式，因为这两种方式相互之间对气流会造成干扰，影响排烟效果，选项 B 错误。建筑高度超过 50 m 的公共建筑和建筑高度超过 100 m 的住宅建筑，排烟系统应竖向分段独立设置，且每段高度，公共建筑不宜超过 50 m，住宅建筑不宜超过 100 m，选项 C、D 正确。

35. B　火灾报警控制器和消防联动控制器安装在墙上时，其主显示屏高度宜为 1.5 ~ 1.8 m，选项 C 正确。手动火灾报警按钮应设置在明显和便于操作的地方，当安装在墙上时，其底边距地面高度宜为 1.3 ~ 1.5 m，且应有明显的标志，选项 A 正确。壁挂扬声器的底边距地面高度应大于 2.2 m，选项 B 错误。电话插孔在墙上安装时，其底边距地面高度宜为 1.3 ~ 1.5 m，选项 D 正确。

36. A　第一类危险源是指产生能量的能量源或拥有能量的载体，它的存在是事故发生的前提，没有第一类危险源就谈不上能量或危险物质的意外释放，也就无所谓事故。第一类危险源包括可燃物、火灾烟气及燃烧产生的有毒、有害气体成分。

37. B　排烟风机可采用离心式或轴流排烟风机（满足 280℃时连续工作 30 min 的要求），排烟风机入口处应设置 280℃能自动关闭的排烟防火阀，该阀应与排烟风机联锁，该阀关闭时，排烟风机应停止运转，选项 A 正确。排烟风机宜设置在排烟系统的顶部，烟气出口宜朝上，并应高于加压送风机和补风机的进风口，选项 B 错误。排烟风机应设置在专用机房内，选项 C 正确。排烟口的风速不宜大于 10 m/s，选项 D 正确。

38. C　发生火灾时，由火灾自动报警系统、充气管道上的压力开关联锁控制预作用报警阀的电磁阀，配水管道开始排气充水，使系统在闭式喷头动作前开始转换成湿式系统，系统管网的压力开关式高位消防水箱的流量开关直接启动直接启动消防水泵并在闭式喷头开启后立即喷水。

39. C　消防水泵应能手动启停和自动启动，且应确保从接到启泵信号到水泵正常运转的自动启动时间不应大于 2 min。消防水泵不应设置自动停泵的控制功能，停泵应由具有管理权限的工作人员根据火灾扑救情况确定。

40. D　在防护区的围护构件上不宜设置敞开孔洞，否则将会造成灭火剂流失。当必须设置敞开孔洞时，应设置能手动和自动关闭的装置。在喷放灭火剂前，应自行关闭防护区内除泄压口外的开口。

41. D　当确认火灾后，由发生火灾的报警区域开始，顺序启动全楼疏散通道的消防应急照明和疏散指示系统，系统全部投入应急状态的启动时间不应大于 5 s。

42. C　具有探测线路故障电弧功能的电气火灾监控探测器，其保护线路的长度不宜大于 100 m。

43. B　高层建筑、厂房、库房和室内净空高度超过 8 m 的民用建筑等场所，消火栓口动压不应小于 0.35 MPa，且消防水枪充实水柱应达到 13 m；其他场所的消火栓栓口动压不应小于 0.25 MPa，且消防水枪充实水柱应达到 10 m。

44. D　报警阀组宜设在安全且易于操作、检修的地点，距地面高度宜为 1.2 m，选项 A 错误。水力警铃应设置在有人值班的地点附近或公共通道的外墙上，选项 B 错误。控制阀安装在报警阀的入口处，用于在系统检修时关闭系统，选项 C 错误。

45. A　风险管理过程包括明确环境信息、风险评估、风险应付、监督与检查。其中风险评估包括风险识别、风险分析和风险评价。

46. D　可通行危险化学品等机动车且长度≤ 500 m 的单孔和双孔隧道属于三类隧道。对于长度小于 1 000 m 的三类隧道，隧道内、外的消火栓用水量可分别为 10 L/s 和 20 L/s。

47. C　仅限通行非危险品等机动车、长度大于 500 m 且小于等于 1 500 m 的单孔双孔隧道属于三类隧道。运行机动车的一、二类隧道和运行机动车并设置 3 条及以上车道的三类隧道，在隧道两侧均应设置灭火器，每个设置点不应少于 4 具。

48. A　设有下列公共活动场所的人防工程，当底层室内地面与室外出入口地坪高差大于 10 m 时，应设置防烟楼梯间；当地下为两层且地下第二层的室内地面与室外出入口地坪高差不大于 10 m 时，应设置封闭楼梯间：①电影院、礼堂；②建筑面积大于 500 m^2 的医院、旅馆；③建筑面积大于 1 000 m^2 的商场、餐厅、展览厅、公共娱乐场所（礼堂、多功能厅、歌舞娱乐放映游艺场所等）、健身体育场所（溜冰馆、游泳馆、体育馆、保龄球馆、射击馆等）等。

49. C　防火分区至避难走道入口处应设前室，前室面积不应小于 6 m^2，前室的门应为甲级防火门。

50. D　汽车库室内任一点至最近人员安全出口的疏散距离不应大于 45 m，当设置自动灭火系统时，其距离不应大于 60 m，对于单层或设置在建筑首层的汽车库，室内任一点至室外出口的距离不应大于 60 m。

51. D　除敞开式汽车库、建筑面积小于 1 000 m^2 的地下一层汽车库和修车库外，汽车库、修车库应设置排烟系统。

52. A　加油加气站站房内可设非明火餐厨设备，选项 D 正确。加油岛、加气岛及汽车加油、加气场地宜设罩棚，罩棚应采用非燃烧材料制作，其有效高度不应小于 4.5 m。罩棚边缘与加油机或加气机的平面距离不宜小于 2 m，选项 A 错误，选项 B、C 正确。

53. B　地上车站公共区的墙面、顶面的装修材料及垃圾箱，应采用 A 级不燃材料，地面应采用不低于 B_1 级难燃材料。地上、地下车站公共区的广告灯箱、导向标志、休息椅、电话亭、售检票机等固定服务设施的材料，应采用不低于 B_1 级难燃材料。装修材料不得采用石棉、玻璃纤维、塑料等制品。

54. D　汽油属于甲类液体。甲、乙类储罐，采用固定顶方式，当容积大于 1 000 m^3 时，罐组内相邻地上储罐的防火间距为 0.6D，D 为相邻较大罐的直径。所以本题中防火间距为 9 m。

55. C　该古建筑位于沙漠边缘，属于缺水地区，宜采用水喷雾灭火系统、细水雾灭火系统。

56. B　根据《建筑设计防火规范》（GB 50016）的规定，大于 500 m 且小于等于 1 500 m 的单孔和双孔隧道属于二类隧道。

57. A　可燃固体在空气不流通、加热温度较低、分解出的可燃挥发分较少或逸散较快、含水分较多等条件下，往往发生只冒烟而无火焰的燃烧现象，称为熏烟燃烧，又称阴燃。

58. B　泡沫覆盖于燃烧液体或固体的表面属于隔离灭火方法。

59. C　根据国家标准，按照燃烧对象的性质，火灾分为 A、B、C、D、E、F 六类，分别是固体物质火灾、液体或可熔化固体物质火灾、气体火灾、金属火灾、带电火灾、烹饪器具内的烹饪物火灾。液化石油气常温常压下呈气态，其燃烧属于气体火灾。

60. C　按照火灾事故所造成的灾害损失程度进行分类，该火灾造成 3 人死亡，达到较大火灾中人员死亡一项的标准，故应属于较大火灾。注意较大火灾的判定标准中，3 人以上 10 人以下死亡应包括 3 人。

61. A　多层建筑受外部条件影响较少，一般采用自然排烟方式较多，选项 B 正确。当设置在外墙上时，排烟窗应在储烟仓以内或室内净高度的 1/2 以上，开启形式应有利于烟气的排出，选项 C 正确。自然排烟系统是利用火灾热烟气的热浮力作为排烟动力，其排烟口的排放率在很大程度上取决于烟气的厚度和温度，选项 D 正确。可开启外窗的形式有侧开窗和顶开窗，侧开窗有上悬窗、中悬窗、下悬窗、平开窗和侧拉窗等，选项 A 错误。

62. C　干式系统在准工作状态时，由消防水箱或稳压泵、气压给水设备等稳压设施维持干式报警阀入口前管道内的充水压力，报警阀出口后的管道内充满有压气体（通常采用压缩空气），报警阀处于关闭状态。发生火灾时，在火灾温度的作用下，闭式喷头的热敏元件动作，闭式喷头开启，使干式阀的出口压力下降，加速器动作后促使干式报警阀迅速开启，管道开始排气充水，剩余压缩空气从系统最高处的排气阀和开启的喷头处喷出。

63. C　消防水泵的串联可在流量不变时增加扬程，消防水泵并联的作用主要在于增大流量，选项 A 正确。消防水泵控制柜在平时应使消防水泵处于自动启泵状态，选项 B 正确。室内消火栓给水管网宜与自动喷水等其他灭火系统的管网分开设置，当合用消防水泵时，供水管路沿水流方向应在报警阀前分开设置，选项 C 错误。室外消防给水管道应采用阀门分成若干独立段，每段内室外消火栓的数量不宜超过 5 个，选项 D 正确。

64. A　对于全封闭的防护区，应设置泄压口，七氟丙烷灭火系统的泄压口应位于防护区净高的 2/3 以上。本题中室内净高为 3.6 m，所以泄压口应位于防护区净高的 2.4 m 以上。

65. B　根据《建筑内部装修设计防火规范》（GB 50222）的规定，地下商场的营业厅地面装修材料不应低于 A 级，选项 A 错误；装饰织物不应低于 B_1 级，选项 B 正确；墙面装修材料不应低于 A 级，选项 D 错误；顶棚装修材料不应低于 A 级，选项 C 错误。

66. C　此题首先应判断选项中各类场所的火灾危险性类别。根据《建筑设计防火规范》（GB 50016）的规定，乙醇仓库属于甲类仓库，甲类仓库与高层仓库的防火间距不应小于 13 m，选项 A 正确。电解食盐水厂房属于甲类厂房，甲类厂房与多层民用建筑防火间距不应小于 25 m，选项 B 正确。有爆炸危险的甲、乙类厂房的总控制室应独立设置，选项 C 错误。空分厂房是乙类厂房，变配电站不应设置在甲、乙类厂房内或贴邻，且不应设置在爆炸性气体、粉尘环境的危险区域内。供甲、乙类厂房专用的 10 kV 及以下的变、配电站，当采用无门、窗、洞口的防火墙分隔时，可一面贴邻，并应符合《爆炸危险环境电力装置设计规范》（GB 50058）等标准的规定。乙类厂房的配电站确需在防火墙上开窗时，应采用甲级防火窗，选项 D 正确。

67. C　防烟系统的联动控制设计：由加压送风口所在防火分区内的两只独立的火灾探测器（选项 A 正确）或一只火灾探测器与一只手动报警按钮的报警信号（选项 B 正确），作为送风口开启和加压送风机启动的联动触发信号，消防联动控制器在接收到满足逻辑关系的联动触发信号后，联动控制火灾层和相关层前室等需要加压送风场所的加压送风口开启（选项 C 错误，选项 D 正确）和加压送风机启动。

68. C　非独立式电气火灾监控探测器，本身不具有报警功能，需要配接电气火灾监控设备组成系统，选项 C 错误、选项 D 正确。剩余电流式电气火灾监控探测器应以设置在低压配电系统首端为基本原则，宜设置在第一级配电柜（箱）的出线端。在供电线路泄漏电流大于 500 mA 时，宜在其下一级配电柜（箱）上设置，选项 B 正确。剩余电流式电气火灾监控探测器不宜设置在 IT 系统的配电线路和消防配电线路中。选择剩余电流式电气火灾监控探测器时，应计及供电系统自然漏流的影响，并选择参数合适的探测器，探测器报警值宜为 300 ~ 500 mA，选项 A 正确。

69. D　根据《汽车库、修车库、停车场设计防火规范》（GB 50067）的规定，Ⅱ类汽车库停车数量为 151 ~ 300 辆或总建筑面积大于 5 000 m^2 且小于等于 10 000 m^2，该汽车库为Ⅱ类汽车库。

70. D　电压损失属于电气使用中的正常压力下降，不会形成电气线路火灾。

71. A　民用建筑中应设置排烟设施的有：设置在一、二、三层且房间建筑面积大于 100 m^2 和设置在四层及以上或地下、半地下的歌舞娱乐放映游艺场所；中庭；公共建筑中建筑面积大于 100 m^2 且经常有人停留的地上房间和建筑面积大于 300 m^2 可燃物较多的地上房间；建筑中长度大于 20 m 的疏散走道。工业建筑中应设置排烟设施的有：人员、可燃物较多的丙类生产场所；丙类厂房中建筑面积大于 300 m^2 且经常有人停留或可燃物较多的地上房间；建筑面积大于 5 000 m^2 的丁类生产车间；占地面积大于 1 000 m^2 的丙类仓库；高度大于 32 m 的高层厂（库）房中长度大于 20 m 的内走道，其他厂（库）房中长度大于 40 m 的疏散走道。

72. B　预测自动喷水灭火系统洒水喷头的启动时间，主要应考虑火灾的增长。阻燃主要侧重于防火，而不是灭火，所以选项 A 错误。当火灾处于全面发展阶段、衰减阶段，火已成灾或火燃烧已接近熄灭，洒水已失去了重要意义，所以选项 C、D 错误。

73. D　根据《建筑设计防火规范》（GB 50016）的规定，高层建筑应至少沿一个长边或周边长度的 1/4 且不小于一个长边长度的底边连续布置消防车登高操作场地。本题沿长边 80 m 连续布置登高操作场地，即该办公楼连续布置的消防登高操作场地长度为 80 m；对于建筑高度大于 50 m 的建筑，消防车登高操作场地的长度和宽度分别不应小于 20 m 和

10 m，即该办公楼连续布置的消防登高操作场地宽度不应小于 10 m，故该消防车登高操作场地的最小平面尺寸应为 80 m × 10 m。

74. A 根据《建筑设计防火规范》（GB 50016）的规定，一、二级耐火等级建筑内的商店营业厅、展览厅，当设置自动灭火系统和火灾自动报警系统并采用不燃或难燃装修材料时，其每个防火分区的最大允许建筑面积应符合下列规定：①设置在高层建筑内时，不应大于 4 000 m^2；②设置在单层建筑或仅设置在多层建筑的首层内时，不应大于 10 000 m^2；③设置在地下或半地下时，不应大于 2 000 m^2。

本题中，由于该商场为多层建筑，且地下一层至五层均为商店营业厅，不符合商店营业厅“仅设置在多层建筑首层内的要求”，即每个防火分区面积不能按照不大于 10 000 m^2 的规定执行，仍应参照表 5.3.1 对于安装自动灭火系统的一、二级单、多层民用建筑，防火分区最大允许建筑面积为 5 000 m^2。故选项 A 错误。

75. C 根据《建筑设计防火规范》（GB 50016）的规定，附设在建筑内的消防控制室，宜设置在建筑内首层或地下一层，并宜布置在靠外墙部位，疏散门应直接通向室外或安全出口。防烟楼梯间可认为是安全的区域，防烟楼梯间的出入口可认为是安全出口，选项 A 正确。燃油或燃气锅炉房、变压器室应设置在首层或地下一层的靠外墙部位，但常（负）压燃油或燃气锅炉可设置在地下二层或屋顶上。设置在屋顶上的常（负）压燃气锅炉，距离通向屋面的安全出口不应小于 6 m，选项 B 正确。附设在建筑内的消防水泵房，不应设置在地下三层及以下或室内地面与室外出入口地坪高差大于 10 m 的地下楼层，选项 C 错误。锅炉房、变压器室的疏散门均应直通室外或安全出口的规定，选项 D 正确。

76. C 根据《人民防空工程设计防火规范》（GB 50098）的规定，人防工程内不应设置哺乳室、托儿所、幼儿园、游乐厅等儿童活动场所和残疾人员活动场所。医院病房不应设置在地下二层及以下层，当设置在地下一层时，室内地面与室外出入口地坪高差不应大于 10 m。歌舞厅、卡拉 OK 厅（含具有卡拉 OK 功能的餐厅）、夜总会、录像厅、放映厅、桑拿浴室（除洗浴部分外）、游艺厅（含电子游艺厅）、网吧等歌舞娱乐放映游艺场所，不应设置在地下二层及以下层；当设置在地下一层时，室内地面与室外出入口地坪高差不应大于 10 m。地下商店应符合营业厅不应设置在地下三层及三层以下的规定。

77. D 根据《建筑设计防火规范》GB 50016—2014 5.5.21–1，建筑层数为 4 层，当教学楼耐火等级为一、二级时，百人疏散净宽度取 1 m，每层疏散楼梯总净宽为 500 ÷ 100= 5 m，A 选项设置 3 部疏散楼梯（安全出口），疏散楼梯的总宽度为 3 × 2=6（m），符合要求。

歌舞娱乐放映游艺场所中录像厅的疏散人数，应根据厅、室的建筑面积按不小于 1.0 人 /m^2 计算；其他歌舞娱乐放映游艺场所的疏散人数，应根据厅、室的建筑面积按不小于 0.5 人 /m^2 计算。由总建筑面积为 2 400 m^2 可知，每层建筑面积应为 800 ㎡，三层为卡拉 OK 厅和舞厅，疏散人数为 800 × 0.5=400（人）；当该商用建筑耐火等级为一、二级时，百人疏散净宽度取 0.75 m，卡拉 OK 厅和舞厅所需疏散总净宽度为 400 × 0.75 ÷ 100=3（m）；一、二层为美术教室和形体训练室，此处没找到相关人员密度依据，选项 B 疏散楼梯的宽度为 2×2=4（m），选项 B 正确。

选项 C 建筑高度为 31.95 m，建筑层数应该不小于 4 层，每层作业人数 100 人，百人疏散最小净宽度为 1.0 m，每层所需疏散总净宽为 100×1÷100=1 m；厂房内每个防火分区或一个防火分区内的每个楼层，其安全出口的数量应经计算确定，且不应少于 2 个；厂房内疏散楼梯的最小净宽度不宜小于 1.10 m；选项 C 设置 2 座疏散楼梯，每座楼梯的净宽度为 1.2 m，疏散总宽度为 2×1.2=2.4 m，选项 C 正确。

根据 5.5.25–2、5.5.26 及其条文说明，建筑高度在 27 m 至 54 m 的住宅建筑，当每个单元任一层的建筑面积不大于 650 m^2，且任一户门至最近安全出口的距离不大于 10 m，每个单元的疏散楼梯应直通屋面，且单元之间的疏散楼梯应能通过屋面连通（对于只有一个单元的住宅建筑，疏散楼梯通至屋顶），户门采用乙级防火门时，每个单元每层可设置 1 个安全出口，否则均应设置 2 个安全出口。选项 D 中，未明确疏散楼梯是否通至屋面，单元间的疏散楼梯能通过屋面连通，以及户门是否采用乙级防火门，故不能确认可以设置 1 个安全出口，选项 D 错误。

78. C　根据《建筑设计防火规范》（GB 50016）的规定，开关、插座和照明灯具靠近可燃物时，应采取隔热、散热等防火措施。卤钨灯和额定功率不小于 100 W 的白炽灯泡的吸顶灯、槽灯、嵌入式灯，其引入线应采用瓷管、矿棉等不燃材料作隔热保护。额定功率不小于 60 W 的白炽灯、卤钨灯、高压钠灯、金属卤化物灯、荧光高压汞灯（包括电感镇流器）等，不应直接安装在可燃物体上或采取其他防火措施。可燃材料仓库内宜使用低温照明灯具。

79. B　根据《火力发电厂与变电站设计防火规范》（GB 50229）的规定，消防控制室应与单元控制室或主控制室合并设置，选项 A 正确。贮煤场的消防用水量不应少于 20 L/s，选项 B 错误。单机容量为 200 MW 及以上的燃煤电厂，应设置控制中心报警系统，选项 C 正确。主厂房、贮煤场（室内贮煤场）、点火油罐区周围的消防给水管网应为环状，选项 D 正确。

80. D　根据《建筑设计防火规范》（GB 50016）的规定，歌舞娱乐放映游艺场所中录像厅的疏散人数，应根据厅、室的建筑面积按不小于 1.0 人/m^2 计算；其他歌舞娱乐放映游艺场所的疏散人数，应根据厅、室的建筑面积按不小于 0.5 人/m^2 计算。选项 A 中，卡拉 OK 厅和舞厅的疏散人数为 1 000×0.5=500（人）；地下或半地下人员密集的厅、室和歌舞娱乐放映游艺场所，其房间疏散门、安全出口、疏散走道和疏散楼梯的各自总净宽度，应根据疏散人数按每 100 人不小于 1.00 m 计算确定。选项 A 中，卡拉 OK 厅和舞厅的最小疏散总净宽为 500×1÷100=5（m），卡拉 OK 厅和舞厅的总净宽为 3×2=6（m），大于卡拉 OK 厅和舞厅的安全出口数和疏散总净宽满足规范的要求，选项 A 正确。

选项 B 未说多层制衣厂具体为几层，根据《建筑设计防火规范》（GB 50016）的规定，4 层及以上厂房内疏散楼梯的最小净宽度不宜小于 1.0 m。假设制衣厂为 4 层及以上，则每百人最小净宽度为 1.0 m，每层最小总净宽为 180×1÷100=1.8 m，选项 B 每层有 2 部疏散楼梯，疏散总宽度为 2×1.2=2.4（m），大于制衣厂疏散楼梯的总宽度和疏散楼梯的数量符合要求。丙类多层厂房的疏散楼梯应采用封闭楼梯间或室外楼梯，制衣厂楼梯间的设置也符合规范要求，选项 B 正确。

一类高层公共建筑和建筑高度大于 32 m 的二类高层公共建筑，其疏散楼梯应采用防烟楼梯间，选项 C 设置防烟楼梯间正确。公共建筑内每个防火分区或一个防火分区的每个楼层，其安全出口的数量应经计算确定，且不应少于 2 个，选项 C 设置 2 座防烟楼梯间，安全出口数量满足规范要求。高层办公楼疏散楼梯间的净宽度不应小于 1.10 m，首层疏散外门的最小净宽度不应小于 1.20 m，选项 C 中，办公楼每层人数只有 60 人，每层疏散楼梯总净宽计算为 0.6 m，楼梯间的净宽度及楼梯间在首层的门的净宽度均为 1.2 m，大于计算值且满足规范要求的最小值，选项 C 正确。

人员密集的公共场所，观众厅的疏散门不应设置门槛，其净宽度不应小于 1.40 m，选项 D 电影院观众厅的每个疏散门的宽度满足要求。当为平坡地面时，电影院观众厅的最小总净宽为 $1\ 000 \times 0.65 \div 100=6.5$（m），选项 D 电影院观众厅的总宽度为 $4 \times 1.5=6$（m），选项 D 错误。

二、多项选择题（共 20 题，每题 2 分。每题的备选项中，有 2 个或 2 个以上符合题意，至少有 1 个错项。错选，本题不得分；少选，所选的每个选项得 0.5 分）

81. ACE　根据《建筑设计防火规范》（GB 50016）的规定，乙烯、赤磷火灾危险性为甲类；煤油、镁粉、硝酸铜火灾危险性为乙类。

82. ADE　在城市建成区和城市中心区不宜建一级加油站、一级加气站、一级加油加气合建站、CNG 加气母站。

83. BD　根据《建筑设计防火规范》（GB 50016）的规定，燃油或燃气锅炉房、变压器室应设置在首层或地下一层的靠外墙部位，但常（负）压燃油或燃气锅炉可设置在地下二层或屋顶上。选项 A 错误。

根据《建筑设计防火规范》（GB 50016）的规定，锅炉房的火灾危险性类别为丁类，锅炉房的耐火等级不应低于二级，当为燃煤锅炉房且锅炉的总蒸发量不大于 4 t/h 时，可采用三级耐火等级的建筑。选项 B 正确。

根据《锅炉房设计规范》（GB 50041）的规定，全年运行的锅炉房应设置于总体最小频率风向的上风侧，季节性运行的锅炉房应设置于该季节最大频率风向的下风侧。煤化工厂所在区域的常年主导风向为西南风，所以锅炉房应布置在甲醇合成厂房的东北侧。选项 C 错误。

根据《建筑设计防火规范》（GB 50016）的规定，除规范另有规定外，裙房的防火要求应符合高层民用建筑的规定，选项 D 裙房的耐火等级要与一类高层宾馆一致，即耐火等级为一级。耐火等级为二级的单层丁类厂房与耐火等级为一级的裙房之间的防火间距不应小于 10 m。选项 D 正确。

根据《建筑设计防火规范》（GB 50016）的规定，锅炉房内设置储油间时，其总储存量不应大于 1 m^3。储油间的油箱应密闭且应设置通向室外的通气管，通气管应设置带阻火器的呼吸阀，油箱的下部应设置防止油品流散的设施。选项 E 错误。

84. CDE　图书馆（书库除外）的火灾危险等级属于中危险级Ⅰ级，中危险级Ⅰ级场所采用湿式系统时，喷水强度为 6 L/（min · m^2），选项 A 错误，作用面积为 160 m^2，选项 D 正确。该图书馆的室内最大净宽高度为 4.5 m，属民用建筑中的普通场所，喷头流量系数应大于等于 80，选项 C 正确。湿式系统最不利点处喷头的工作压力不应小于 0.05 MPa，选项 E 正确。一个报警阀组控制的喷头数，对于湿式系统不宜超过 800 个。中危险级Ⅰ级场所一只喷头的最大保护面积为 12.5 m^2，所以该系统应设置喷头为 12 000 ÷ 12.5 = 960（个），应设置湿式报警阀数量为 960 ÷ 800=1.2（个），取 2 个，选项 B 错误。

85. ADE 《汽车库、修车库、停车库设计防火规范》（GB 50067）的规定，除敞开式汽车库、屋面停车场外，下列汽车库、修车库应设置自动喷水灭火系统：①Ⅰ、Ⅱ、Ⅲ类地上汽车库；②停车数大于 10 辆的地下、半地下汽车库；③机械式汽车库；④采用汽车专用升降机作汽车疏散出口的汽车库；⑤Ⅰ类修车库。

86. ABD　信息机房的耐火等级不应低于二级，当 A 级或 B 级信息机房位于其他建筑内时，主机房与其他部位之间应设置耐火极限不低于 2 h 的隔墙，隔墙上的门应采用甲级防火门，选项 A 正确。主机房、辅助区与其他建筑物合建时，应单独设置防火分区，选项 B 正确。民用建筑及厂房的疏散门应采用向疏散方向开启的平开门，不应采用推拉门、卷帘门、吊门、转门和折叠门，选项 C 错误。电力调度中心的电子信息系统机房属于 B 级机房，可设置高压细水雾灭火系统或预作用自动喷水灭火系统，选项 D 正确。主机房不宜设置传统的火灾探测器，应设置空气采样烟雾报警器及传统的火灾报警系统相组合的方式；当采用空气采样烟雾报警器及传统火灾报警系统组合方式时，其中主机房及基本工作间应将空气采样等早期报警系统信号作为第一预警信号，选项 E 项错误。

87. BCE　根据《建筑设计防火规范》（GB 50016）的规定，消防车道应符合下列要求：①车道的净宽度和净空高度均不应小于 4.0 m。选项 A 错误，选项 B 正确。②转弯半径应满足消防车转弯的要求。③消防车道与建筑之间不应设置妨碍消防车操作的树木、架空管线等障碍物。④消防车道靠建筑外墙一侧的边缘距离建筑外墙不宜小于 5 m。⑤消防车道的坡度不宜大于 8%。选项 E 正确。

环形消防车道至少应有两处与其他车道连通，选项 D 错误。尽头式消防车道应设置回车道或回车场，回车场的面积不应小于 12 m × 12 m，选项 C 正确。

88. ABCD　排烟系统的联动控制方式：①由同一防烟分区内的两只独立的火灾探测器的报警信号（“与”逻辑），作为排烟口、排烟窗或排烟阀开启的联动触发信号，消防联动控制器在接收到满足逻辑关系的联动触发信号后，联动控制排烟口、排烟窗或排烟阀的开启，同时停止该防烟分区的空气调节系统；②由排烟口、排烟窗或排烟阀开启的动作信号作为排烟风机启动的联动触发信号，消防联动控制器在接收到满足逻辑关系的联动触发信号后，联动控制排烟风机的启动。

89. ACD　办公楼的现场环境温度一般不超过 38℃，所以采用玻璃球色标为红色的喷头，选项 A 正确。建筑高度为 25 m 的办公建筑属于高层办公楼，危险等级为中危险 I 级，该等级一只喷头的最大保护面积为 12.5 m^2，选项 E 错误。顶板为水平面的轻危险级、中危险 I 级住宅建筑、宿舍、旅馆建筑客房、医疗建筑病房和办公室可采用边墙型喷头，选项 B 错误。汽车库的危险等级为中危险级 Ⅱ 级，该等级的一只喷头的最大保护面积为 11.5 m^2，选项 C 正确。汽车库一般都不设有吊顶，在不设吊顶的场所内设置喷头，当配水支管布置在梁下时，应采用直立型喷头，选项 D 正确。

90. ABE　根据《建筑设计防火规范》（GB 50016）的规定，防火墙上不应开设门、窗、洞口，确需开设时，应设置不可开启或火灾时能自动关闭的甲级防火门、窗。甲级防火门的耐火极限不应低于 1.5 h。选项 A 正确。

通风和空气调节系统，横向宜按防火分区设置，竖向不宜超过 5 层。宾馆 5 层（竖向不宜超过 5 层）共用一套通风空调系统是可以的。防火阀平时处于开启状态，发生火灾时，当管道内烟气温度达到 70℃时，易熔合金片就会熔断断开，防火阀就会自动关闭。当建筑内每个防火分区的通风、空气调节系统均独立设置时，水平风管与竖向总管的交接处可不设置防火阀。除此之外，竖向风管与每层水平风管交接处的水平管段上都应设置防火阀。选项 B 正确。

仓库内的防火分区之间必须采用防火墙分隔，甲、乙类仓库内防火分区之间的防火墙不应开设门、窗、洞口。甲醇仓库的火灾危险性为甲类，选项 C 错误。

除中庭外，当防火分隔部位的宽度不大于 30 m 时，防火卷帘的宽度不应大于 10 m；当防火分隔部位的宽度大于 30 m 时，防火卷帘的宽度不应大于该部位宽度的 1/3，且不应大于 20 m。商场的防火分隔部位宽度为 50 m，故防火卷帘的宽度为 $50 \times 1 \div 3 \approx 16.7$（m），即设置防火卷帘的宽度不应大于 16.7 m。选项 D 错误。

根据《汽车库、修车库、停车场设计防火规范》（GB 50067）的规定，在穿过不同防烟分区的排烟支管上应设置烟气温度大于 280℃时能自动关闭的排烟防火阀，排烟防火阀应联锁关闭相应的排烟风机。选项 E 正确。

91. BE　根据《石油库设计规范》（GB 50074）的规定，下列储罐的通气管上必须装设阻火器：①储存甲$_B$类、乙类、丙$_A$类液体的固定顶储罐和地上卧式储罐（甘油、润滑油、重柴油属于丙$_B$类，故选项 A、C、D 错误）；②储存甲$_B$类、乙类、丙$_A$类液体并采用氮气密封保护系统的内浮顶储罐（对二甲苯属于甲$_B$类液体，故选项 B 正确）。

92. BDE　采用气体灭火系统的防护区，应设置火灾自动报警系统，其设计应符合《火灾自动报警系统设计规范》（GB 50116）的规定，并应选用灵敏度级别高的火灾探测器，选项 B 正确。管网灭火系统应设自动控制、手动控制和机械应急操作三种启动方式，预制灭火系统应设自动控制和手动控制两种启动方式，选项 D 正确。自动控制装置应在接到两个独立的火灾信号后才能启动，选项 C 错误。气体灭火系统的操作与控制，应包括对开口封闭装置、通风机械和防火阀等设备的联动操作与控制，选项 E 正确。组合分配系统启动时，选择阀应在容器阀开启前打开或同时打开，选项 A 错误。

93. BCE　根据《人民防空工程设计防火规范》（GB 50098）的规定，下列场所应采用耐火极限不低于 2 h 的隔墙和 1.5 h 的楼板与其他场所隔开，并应符合下列规定：①消防控制室、消防水泵房、排烟机房、灭火剂储瓶室、变配电室、通信机房、通风和空调机房、可燃物存放量平均值超过 30 kg/m^2 火灾荷载密度的房间等，墙上应设置常闭的甲级防火门。选项 B、E 正确。②柴油发电机房的储油间，墙上应设置常闭的甲级防火门，并应设置高 150 mm 的不燃烧、不渗漏的门槛，地面不得设置地漏，选项 C 正确。③同一防火分区内厨房、食品加工等用火用电用气场所，墙上应设置不低于乙级的防火门，人员频繁出入的防火门应设置火灾时能自动关闭的常开式防火门。选项 A 错误。④歌舞娱乐放映游艺场所，且一个厅、室的建筑面积不应大于 200 m^2，隔墙上应设置不低于乙级的防火门。选项 D 错误。

94. ABD　火灾自动报警系统应设置火灾声光警报器，并应在确认火灾后启动建筑内的所有火灾声光警报器。未设置消防联动控制器的火灾自动报警系统，火灾声光警报器应由火灾报警控制器控制；设置消防联动控制器的火灾自动报警系统，火灾声光警报器应由火灾报警控制器或消防联动控制器控制。选项 B 正确。公共场所宜设置具有同一种火灾变调声的火灾声警报器；具有多个报警区域的保护对象，宜选用带有语音提示的火灾声警报器。选项 D 正确。学校、工厂等各类日常使用电铃的场所，不应使用警铃作为火灾声警报器。选项 E 错误。同一建筑内设置多个火灾声警报器时，火灾自动报警系统应能同启动和停止所有火灾声警报器的工作。选项 A 正确。火灾声警报器单次发出火灾警报时间宜为 8 ~ 20 s，同时设有消防应急广播时，火灾声警报应与消防应急广播交替循环播放。选项 C 错误。

95. DE　根据《建筑设计防火规范》(GB 50016）的规定，大豆油浸出厂房属于甲类厂房，与丙类大豆预处理高层厂房防火间距不应小于 13 m，选项 A 错误。与明火或散发火花地点（燃煤锅炉房属于散发火花地点）的防火间距不应小于 30 m，选项 B 错误。与丁类豆粕脱溶烘干厂房的防火间距不应小于 12 m，选项 C 错误。与丙类油脂精炼厂房防火间距不应小于 12 m，选项 D 正确。与乙类溶剂油储罐的防火间距不应小于 12 m，选项 E 正确。

96. ABCE　烟气流动的驱动力包括室内外温差引起的烟囱效应（浮力）、外界风的作用（风压受多种因素的影响，包括风的速度和方向、建筑物的高度和几何形状等）、通风空调系统的影响等。

97. ACE　根据《建筑设计防火规范》(GB 50016）的规定，裙房和建筑高度不大于 32 m 的二类高层公共建筑，其疏散楼梯应采用封闭楼梯间。封闭楼梯间的门应采用乙级防火门，设置乙级防火门就满足要求，那么设置甲级防火门更没问题。开向疏散楼梯或疏散楼梯间的门，当其完全开启时，不应减少楼梯平台的有效宽度，选项 A 正确。

民用建筑和厂房的疏散门，应采用向疏散方向开启的平开门，不应采用推拉门、卷帘门、吊门、转门和折叠门，选项 B 设置双向开启的门不符合规范要求，选项 B 错误。

厂房内每个防火分区或一个防火分区内的每个楼层，其安全出口的数量应经计算确定，且不应少于 2 个。首层外门的总净宽度应按该层及以上疏散人数最多一层的疏散人数计算，且该门的最小净宽度不应小于 1.20 m。选项 C 设置两个疏散门，且门向外开启，门的净宽度也大于规范要求，因此选项 C 正确。

除甲、乙类生产车间外，人数不超过 60 人且每樘门的平均疏散人数不超过 30 人的房间，其疏散门的开启方向不限，选项 D 每间教室人数为 70 人，大于 60 人，疏散门应向疏散方向开启，选项 D 错误。

每座仓库的安全出口不应少于 2 个。仓库的疏散门应采用向疏散方向开启的平开门，但丙、丁、戊类仓库首层靠墙的外侧可采用推拉门或卷帘门，轮胎仓库的火灾危险性为丙类，所以设置推拉门是可以的，选项 E 正确。

98. ABCE　首先确定建筑高度超过 24 m 的电信大楼为一类高层公共建筑。根据《建筑内部装修设计防火规范》（GB 50222）的规定，一类高层电信楼的顶棚、墙面装修材料燃烧性能等级不应低于 A 级，地面、隔断、窗帘燃烧性能等级不应低于 B_1 级。当设有火灾自动报警装置和自动灭火系统时，除顶棚外，其内部装修材料的燃烧性能等级可在规范规定的基础上降低一级。因此，该建筑顶棚装修材料燃烧性能等级不应低于 A 级，墙面装修材料燃烧性能等级不应低于 B_1 级，地面、隔断、窗帘燃烧性能等级不应低于 B_2 级。根据 3.0.2 表 1 可知，用于墙面装修的彩色阻燃人造板属于 B_1 级，选项 A 正确；硬质 PVC 塑料地板属于 B_1 级，选项 B 正确；用做窗帘的经阻燃处理的难燃织物属于 B_1 级，选项 C 正确；顶棚采用的难燃胶合板属于 B_1 级，未达到 A 级，选项 D 错误；复合壁纸属于 B_2 级，选项 E 正确。

99. BDE　当采用电动机驱动的消防水泵时，应选择电动机干式安装的消防水泵，选项 E 正确。流量扬程性能曲线应为无驼峰、无拐点的光滑曲线，零流量时的压力不应大于设计工作压力的 140%，且宜大于设计工作压力的 120%，选项 B 正确。泵轴的密封方式和材料应满足消防水泵在低流量时运转的要求，选项 D 正确。消防给水同一泵组的消防水泵型号应一致，且工作泵不宜超过 3 台，选项 C 错误。柴油机消防水泵应采用压缩式点火型柴油机，选项 A 错误。

100. ABCD　事件树分析法是一种系统地研究作为危险源的初始事件如何与后续事件形成时序逻辑关系而最终导致事故的方法。可以用两种方法确定初始事件：①根据系统设计、系统危险性评价、系统运行经验或事故经验等确定，选项 A、B、C 正确。②根据系统重大故障或事故树分析，从其中间事件或初始事件中选择，选项 D 正确。

消防安全技术实务
模拟测试（五）参考答案及解析

一、单项选择题（共 80 题，每题 1 分。每题的备选项中，只有 1 个最符合题意）

1. D　阴燃是固体燃烧特有的形式之一。闪燃是液体燃烧出现的现象。热波是原油等重质石油产品燃烧时可能出现的现象，往往导致沸溢、喷溅的发生。蒸发燃烧是可燃液体燃烧的主要形式。

2. D　沸溢、喷溅，是含有水分、黏度较大的重质石油产品，如原油、沥青油等燃烧过程中可能出现的现象，汽油属于轻质油。

3. A　GB 8624 B_1（B–s1，d0，t1）表示属于难燃 B_1 级建筑材料及制品，燃烧性能细化分级为 B 级，产烟特性等级为 s1 级，燃烧滴落物 / 微粒等级为 d0 级，烟气毒性等级为 t1 级。

4. C　耐火极限是指在标准试验条件下，建筑构件、配件或结构从受到火的作用时起，至失去承载能力、完整性或隔热性时止所用时间，用小时（h）表示。其中，承载能力是指在标准耐火试验条件下，承重或非承重建筑构件在一定时间内抵抗垮塌的能力；耐火完整性是指在标准耐火试验条件下，建筑分隔构件当某一面受火时，能在一定时间内防止火焰和热气穿透或在背火面出现火焰的能力；耐火隔热性是指在标准耐火试验条件下，建筑分隔构件当某一面受火时，能在一定时间内其背火面温度不超过规定值的能力。隔热性破坏不可以推断出其完整性不符合要求。防火门按耐火极限分为三类：A 类（隔热防火门）、B 类（部分隔热防火门）、C 类（非隔热防火门），A 类防火门的耐火极限应以耐火完整性和隔热性作为判定条件。

5. C　根据《建筑设计防火规范》(GB 50016）的规定，高层厂房，甲、乙类厂房的耐火等级不应低于二级，建筑面积不大于 300 m^2 的独立甲、乙类单层厂房可采用三级耐火等级的建筑。

6. C　储存爆炸危险品的仓库应单独建造，应选择附近没有建筑物的地方，电石又称碳化钙，干燥时不燃，遇水或湿气能迅速产生高度易燃的乙炔气体，在空气中达到一定的浓度时，可发生爆炸性灾害，故不宜布置在地势比较低的位置。

7. A　根据《建筑设计防火规范》(GB 50016）的规定，建筑物之间的防火间距应按相邻建筑外墙的最近水平距离计算，当外墙有凸出的可燃或难燃构件时，应从其凸出部分外缘算起。该古建筑的屋顶为可燃构件，至相邻建筑物外墙的最近水平距离为 10 m。

8. A　根据《石油化工企业设计防火规范》（GB 50160）的规定，可燃气体、可燃液体设备的安全阀出口连接应符合下列规定：①可燃液体设备的安全阀出口泄放管应接入储罐或其他容器，泵的安全阀出口泄放管宜接至泵的入口管道、塔或其他容器；②可燃气体设备的安全阀出口泄放管应接至火炬系统或其他安全泄放设施；③泄放后可能立即燃烧的可燃气体或可燃液体应经冷却后接至放空设施；④泄放可能携带液滴的可燃气体应经分液罐后接至火炬系统。

9. B　对于内浮顶储罐，非水溶性液体的泡沫混合液供给强度不应小于 12.5 L/(min · m^2)，泡沫混合液连续供给时间不应小于 30 min。

10. C　建筑防爆的基本技术措施分为预防性技术措施和减轻性技术措施。预防性技术措施包括排除能引起爆炸的各类可燃物质和消除或控制能引起爆炸的各种火源，选项 C 属于预防性技术措施。减轻性技术措施包括采取泄压措施、采用抗爆性能良好的建筑结构体系和采取合理的建筑布置。

11. C　根据《汽车加油加气站设计与施工规范》（GB 50156）的规定，加气站应配置手提式干粉灭火器，每 2 台加气机应配置不少于 2 具 4 kg 手提式干粉灭火器，加气机不足 2 台应按 2 台配置，选项 A 正确。加油加气站的 LPG 设施应设置消防给水系统，选项 B 正确。一、二级加油站应配置灭火毯 5 块、沙子 2 m^3，三级加油站应配置灭火毯不少于 2 块、沙子 2 m^3，选项 C 错误。合建站中地上 LNG 储罐总容积不大于 60 m^3 时，可不设消防给水系统。

12. D　根据《建筑设计防火规范》（GB 50016）的规定，建筑物内全部设置自动喷水灭火系统时，其安全疏散距离可按表 5.5.17 的规定增加 25%。由表可知，位于袋型走道两侧或尽端的疏散门至最近安全出口的直线距离为 22 m，故该建筑在该走道西侧尽端的房间门与最近一座疏散楼梯间入口门的允许最大直线距离为 $22+22\times25\%=27.5$（m）。

13. A　建筑室外消火栓的数量应根据室外消火栓设计流量和保护半径经计算确定，保护半径不应大于 150.0 m，选项 B 正确。室外消火栓宜沿建筑周边均匀布置，且不宜集中布置在建筑一侧，建筑消防扑救面一侧的室外消火栓数量不宜少于 2 个，选项 A 错误。人防工程、地下工程等建筑应在出入口附近设置室外消火栓，距出入口的距离不宜小于 5 m，并不宜大于 40 m，选项 C 正确。停车场的室外消火栓宜沿停车场周边设置，与最近一排汽车的距离不宜小于 7 m，距加油站或油库不宜小于 15 m，选项 D 正确。

14. B　根据《建筑设计防火规范》（GB 50016）的规定，歌舞厅、录像厅、夜总会、卡拉 OK 厅（含具有卡拉 OK 功能的餐厅）、游艺厅（含电子游艺厅）、桑拿浴室（不包括洗浴部分）、网吧等歌舞娱乐放映游艺场所（不含剧场、电影院）的厅、室之间及与建筑的其他部位之间，应采用耐火极限不低于 2.00 h 的防火隔墙和 1.00 h 的不燃性楼板分隔，设置在厅、室墙上的门和该场所与建筑内其他部位相通的门均应采用乙级防火门，选项 A 正确。锅炉房内设置储油间时，其总储存量不应大于 1 m^3，且储油间应采用耐火极限不低于 3.00 h 的防火隔墙与锅炉间分隔；确需在防火隔墙上设置门时，应采用甲级防火门，选项 B 错误。设置商业服务网点的住宅建筑，其居住部分与商业服务网点之间应采用耐火极限不低于 2.00 h 且无门、窗、洞口的防火隔墙和 1.50 h 的不燃性楼板完全分隔，住宅部分和商业服务网点部分的安全出口和疏散楼梯应分别独立设置，选项 C 正确。医院和疗养院的病房楼内相邻护理单元之间应采用耐火极限不低于 2.00 h 的防火隔墙分隔，隔墙上的门应采用乙级防火门，设置在走道上的防火门应采用常开防火门，选项 D 正确。

15. D　干粉的主要灭火机理是化学抑制、隔离、窒息和冷却等作用。

16. D　一个防护区或保护对象宜用一套预制灭火装置保护。一个防护区或保护对象所用预制灭火装置最多不得超过 4 套，并应同时启动，其动作响应时间差不得大于 2 s。

17. A　自动喷水灭火系统根据使用喷头的型式，可分为闭式系统和开式系统两大类。闭式系统采用闭式喷头，包括湿式、干式、预作用、重复启闭预作用、自动喷水防护冷却等系统；开式系统采用开式喷头，包括雨淋系统和水幕系统，选项 A 错误。干式系统与预作用系统都设有充气设备，配水管道应设置快速排气阀。雨淋系统采用开式喷头，由雨淋阀控制喷水范围，由配套的火灾自动报警系统或传动管控制，自动启动雨淋报警阀组和启动消防水泵。预作用系统由火灾自动报警系统、充气管道上的压力开关联锁控制预作用装置和启动消防水泵，并转换为湿式系统。

18. B　IG–541 混合气体灭火剂不适用于扑救硝化纤维、硝酸钠等氧化剂或含氧化剂的化学制品火灾；钾、钠、镁、钛、锆、铀等活泼金属火灾；氢化钾、氢化钠等金属氢化物火灾；过氧化氢、联胺等自行分解的化学物质火灾；可燃固体物质的深位火灾。

19. B　根据《水喷雾灭火系统技术规范》（GB 50219）的规定，输送机皮带的保护面积应按上行皮带的上表面面积确定；长距离的皮带宜实施分段保护，但每段长度不宜小于 100 m，故最多可划分为 4 段。

20. D　在储存容器或容器阀上，应设置安全泄压装置和压力表。组合分配系统的集流管，应设安全泄压装置。选项 A 正确。组合分配系统中的每个防护区应设置控制灭火剂流向的选择阀，其公称直径应与该防护区灭火系统的主管道公称直径相等。选项 B 正确。输送气体灭火剂的管道应采用无缝钢管，无缝钢管应进行防腐处理，安装在腐蚀性较大的环境里，宜采用不锈钢管；输送启动气体的管道，宜采用铜管。选项 C 正确、选项 D 错误。

21. C　根据《建筑设计防火规范》（GB 50016）的规定，第一个避难层（间）的楼地面至灭火救援场地地面的高度不应大于 50 m。两个避难层（间）之间的高度不宜大于 50 m。第二个避难层与第一个避难层相距 10 层设置，即两个避难层之间的高度为 48 m，符合规范要求，选项 A 正确。将第一个避难层设置在十二层，即距离地面的高度大于 50 m，选项 C 错误。避难层（间）的净面积应能满足设计避难人数避难的要求，并宜按 5.0 人 /m^2 计算，选项 B 按 4.0 人 /m^2 计算，符合要求；选项 D 按 5.0 人 /m^2 计算，符合要求。

22. A　根据《建筑设计防火规范》（GB 50016）的规定，与基层墙体、装饰层之间无空腔的建筑外墙外保温系统，对于住宅建筑，其保温材料应符合下列规定：①建筑高度大于 100 m 时，保温材料的燃烧性能应为 A 级；②建筑高度大于 27 m，但不大于 100 m 时，保温材料的燃烧性能不应低于 B_1 级；③建筑高度不大于 27 m 时，保温材料的燃烧性能不应低于 B_2 级。

除采用 B_1 级保温材料且建筑高度不大于 24 m 的公共建筑或采用 B_1 级保温材料且建筑高度不大于 27 m 的住宅建筑外，建筑外墙上门、窗的耐火完整性不应低于 0.50 h；建筑高度小于 27 m 的住宅建筑且采用的保温材料为 B_1 级时，其耐火完整性可低于 0.50 h，选项 A 错误。本题也可以使用排除法，首先排除耐火完整性最高的选项 B、C，再对比选项 A、D，对比可知，选项 A 错误。

23. B　预制灭火系统应设自动控制和手动控制两种启动方式。

24. A　可燃纤维织物火灾属于 A 类火灾（固体物质火灾），可选用水基型（水雾、泡沫）灭火器、ABC 干粉灭火器扑救，不能用二氧化碳、BC 干粉灭火器扑救，选项 C、D 错误。卤代烷灭火器已淘汰，所以不能选用，选项 B 错误。

25. A　根据《建筑设计防火规范》（GB 50016）的规定，生产过程中散发的可燃气体、蒸气、粉尘或纤维与供暖管道、散热器表面接触能引起燃烧的厂房（如二硫化碳气体、黄磷蒸气及其粉尘等），应采用不循环使用的热风供暖，热风属于循环使用，选项 A 错误。甲、乙类厂房（仓库）内严禁采用明火和电热散热器采暖，选项 B 正确。在散发可燃粉尘、纤维的厂房内，散热器表面平均温度不应超过 82.5℃，选项 C、D 正确。

26. D　在有梁的顶棚上设置点型感烟火灾探测器、感温火灾探测器时，应符合下列规定：①当梁凸出顶棚的高度小于 200 mm 时，可不计梁对探测器保护面积的影响；②当梁凸出顶棚的高度为 200 ~ 600 mm 时，应按《消防安全技术实务（2018 年版）》图 3—9—8 和表 3—9—6 的要求确定梁对探测器保护面积的影响和一只探测器能够保护的梁间区域的数量；③当梁凸出顶棚的高度超过 600 mm 时，被梁隔断的每个梁间区域应至少设置一只探测器；④当被梁隔断的区域面积超过一只探测器的保护面积时，被割断区域的探测区域的每个房间应至少设置一只火灾探测器；⑤当梁间净距小于 1 m 时，可不计梁对探测器保护面积的影响。

27. D　甲、乙、丙类液体储罐区和液化烃储罐区等构筑物的室外消火栓，应设在防火堤或防护墙外，数量应根据每个罐的设计流量经计算确定，但距罐壁 15 m 范围内的消火栓，不应计算在该罐可使用的数量内，选项 A 正确、选项 D 错误。工艺装置区等采用高压或临时高压消防给水系统的场所，其周围应设置室外消火栓，数量应根据设计流量经计算确定，且间距不应大于 60 m，选项 B 正确。当工艺装置区宽度大于 120 m 时，宜在该装置区内的路边设置室外消火栓，选项 C 正确。

28. B　根据《洁净厂房设计规范》（GB 50073）的规定，洁净室的顶棚、壁板及夹芯材料应为不燃烧体，且不得采用有机复合材料。顶棚和壁板的耐火极限不应低于 0.4 h，疏散走道顶棚的耐火极限不应低于 1.0 h。

29. D　根据《地铁设计规范》（GB 50157）的规定，区间隧道事故、排烟风机、地下车站公共区和车站设备与管理用房排烟风机，应保证在 250℃时能连续有效工作 1 h；烟气流经的风阀及消声器等辅助设备应与风机耐高温等级相同。地面及高架车站公共区和设备与管理用房排烟风机应保证在 280℃时能连续有效工作 0.5 h，烟气流经的风阀及消声器等辅助设备应与风机耐高温等级相同。

30. D　离心雾化型水雾喷头形成的水雾具有良好的电绝缘性，适合扑救电气火灾，选项 A 正确。保护对象为油浸式变压器时，水雾喷头之间的水平距离与垂直距离应满足水锥相交的要求，选项 D 错误。当保护对象为可燃气体和甲、乙、丙类液体储罐时，水雾喷头宜布置在保护对象周围，其与保护储罐外壁之间的距离不应大于 0.7 m，选项 C 正确。根据《水喷雾灭火系统技术规范》（GB 50219）的规定，室内粉尘场所设置的水雾喷头应带防尘帽，室外设置的水雾喷头宜带防尘帽，选项 B 正确。

31. B　根据《洁净厂房设计规范》（GB 50073）的规定，当甲、乙类生产厂房每层的洁净生产区总建筑面积不超过 100 m^2，且同一时间内的生产人员总数不超过 5 人时，可设置 1 个安全出口。

32. A　疏散通道上设置的防火卷帘的联动控制设计应遵循：①防火分区内任两只独立的感烟火灾探测器或任一只专门用于联动防火卷帘的感烟火灾探测器的报警信号作为防火卷帘下降的首个联动触发信号，防火卷帘控制器在接收到满足逻辑关系的联动触发信号后，联动控制防火卷帘下降至楼板面 1.8 m 处；②任一只专门用于联动防火卷帘的感温火灾探测器的报警信号作为防火卷帘下降的后续联动触发信号，防火卷帘控制器在接收到满足逻辑关系的联动触发信号后，联动控制防火卷帘下降至楼板面。

33. B　水喷雾的灭火机理主要是表面冷却、窒息、乳化和稀释作用。

34. C　机械应急操作装置应设在储瓶间内或防护区疏散出口门外便于操作的地方。

35. A　湿式系统中，当压力开关动作并输出信号后，消防水泵可直接启动。

36. D　根据《建筑设计防火规范》（GB 50016）的规定，消防电梯前室或合用前室的门应采用乙级防火门，不应设置卷帘。

37. B　对公共区面积的限制，是考虑防火分区的要求。根据《地铁设计规范》（GB 50157）的规定，地下换乘车站共用一个站厅时，站厅公共区面积不应大于 5 000 m^2。

38. D　室内采用临时高压消防给水系统时，高层民用建筑、总面积大于 10 000 m^2 且层数超过 2 层的公共建筑和其他重要建筑，必须设置高位消防水箱。

39. C　火灾自动报警系统根据保护对象及设立的消防安全目标不同分为区域报警系统、集中报警系统和控制中心报警系统。

40. A　耐火极限是指在标准耐火试验条件下，建筑构件、配件或结构从受到火的作用时起，至失去承载能力、完整性或隔热性时止所用时间，用小时（h）表示。其中，承载能力是指在标准耐火试验条件下，承重或非承重建筑构件在一定时间内抵抗垮塌的能力；耐火完整性是指在标准耐火试验条件下，当建筑分隔构件某一面受火时，能在一定时间内防止火焰和热气穿透或在背火面出现火焰的能力；耐火隔热性是指在标准耐火试验条件下，当建筑分隔构件某一面受火时，能在一定时间内其背火面温度不超过规定值的能力。受火作用至 1.00 h 时背火面的温度超过规定值，是失去了隔火作用；受火作用至 1.20 h 时出现了穿透裂缝，是完整性被破坏；受火作用至 1.50 h 时墙体开始坍塌，是失去了支撑能力。三者出现时间最短的一个就是该墙体的耐火极限。

41. D　细水雾灭火系统不适用于遇水能发生剧烈反应或产生大量有害物质的活泼金属及其火灾，其中包括碳化物，如碳化钙（俗称电石）。

42. D　根据《汽油加油加气站设计与施工规范》（GB 50516）的规定，加油站等级划分有两项指标，一是油罐总容积，二是单罐容积。本题中，柴油罐单罐容积均不大于 50 m^3，汽油罐不大于 30 m^3。按柴油罐容积可折半计入总容积，则该加油站总容积 =30+30+20+25=105 m^3，按照加油站的等级划分标准，属于二级加油站。

43. C　干粉储存容器的驱动气体应选用惰性气体，宜选用氮气，驱动压力不得大于干粉储存容器的最高工作压力；干粉储存装置宜设置在专用的储存装置间内，耐火等级不应低于二级。

44. C　根据《建筑设计防火规范》（GB 50016）的规定，当每层疏散人数不等时，疏散楼梯的总净宽度可分层计算，地上建筑内下层楼梯的总净宽度应按该层及以上疏散人数最多一层的人数计算；地下建筑内上层楼梯的总净宽度应按该层及以下疏散人数最多一层的人数计算。本题需注意楼层位置与建筑层数的区别，建筑层数为 4 层的建筑，其疏散楼梯的每 100 人最小疏散净宽度为 1.00 m/ 百人，由于第四层疏散人数为 1 800 人，一至三层疏散人数均为 2 000 人，所以地上一至三层疏散楼梯最小净宽度为：$1\times 2\,000\div 100=20$（m）。

45. D　用于灭火目的时，水雾喷头的工作压力不应小于 0.35 MPa；用于防护冷却目的时，水雾喷头的工作压力不应小于 0.2 MPa；但对于甲$_B$、乙、丙类液体储罐不应小于 0.15 MPa。柴油发电机房设置水喷雾灭火系统的目的是灭火。

46. C　电动启动水喷雾灭火系统是以普通的火灾报警系统为火灾探测系统，通过传统的点式感温、感烟探头或缆式火灾探测器探测火灾。

47. D　一类高层民用建筑、建筑高度大于 50 m 的乙、丙类生产厂房和丙类物品库房等应按一级负荷供电。选项 A 不属于一类高层民用建筑，选项 B、C 未达到 50 m 高度的要求，选项 D 中高度大于 54 m 的住宅建筑属于一类高层民用建筑。

48. B 根据《建筑设计防火规范》（GB 50016）的规定，二级耐火等级的厂房，其屋顶承重构件不应低于 1.00 h，即便采用防火涂料进行防火保护也应符合规范的最低要求。

49. B 燃煤发电厂的碎煤机房属于可燃性粉尘爆炸环境，应选用隔爆型灯具。

50. B 根据《人民防空工程设计防火规范》（GB 50089）的规定，人防工程内的电影院的观众厅，防火分区允许最大建筑面积为 1 000 m^2，当设置有火灾自动报警系统和自动灭火系统时，允许最大建筑面积也不得增加。

51. D 消防水泵的流量扬程性能曲线应为无驼峰、无拐点的光滑曲线，零流量时的压力不应大于设计工作压力的 140%，且宜大于设计工作压力的 120%。本题中，水泵设计扬程为 0.9 MPa，经计算消防水泵零流量时的压力应在 1.08 ～ 1.26 MPa 之间。

52. A 高层办公楼、高层旅馆、总建筑面积小于 5 000 m^2 的商场的火灾危险等级为中危险级Ⅰ级，总建筑面积大于 5 000 m^2 的商场、舞台（葡萄架除外）的火灾危险等级为中危险级Ⅱ级。选项 B 中 23 m 的四星级旅馆不属于高层建筑，选项 C 属于中危险级Ⅱ级，选项 D 中面积超过 5 000 m^2 属于中危险级Ⅱ级。

53. A 根据《建筑设计防火规范》（GB 50016）的规定中，采用纵向排烟方式时，应能迅速组织气流、有效排烟，其排烟风速应根据隧道内的最不利火灾规模确定，且纵向气流的速度不应小于 2 m/s，并应大于临界风速。选项 A 正确。排烟风机和烟气流经的风阀、消声器、软接等辅助设备，应能承受设计的隧道火灾烟气排放温度，并应能在 250℃下连续正常运行不小于 1.0 h。排烟管道的耐火极限不应低于 1.00 h。选项 B、C 错误。机械排烟系统与隧道的通风系统宜分开设置。合用时，合用的通风系统应具备在火灾时快速转换的功能，并应符合机械排烟系统的要求。选项 D 错误。

54. D 耐火电线电缆是指规定试验条件下，在火焰中被燃烧一定时间内能保持正常运行特性的电缆。

55. B 对于民用建筑和工业厂房，采用湿式系统的设计基本参数应符合《消防安全技术实务（2018 年版）》中表 3—3—2 的要求，中危险级Ⅱ级场所的作用面积为 160 m^2。干式系统的作用面积按表 3—3—2 规定值的 1.3 倍计算，中危险级Ⅱ级场所的作用面积为 208 m^2。

56. B 选项 A 的火焰探测器属于感光火灾探测器，选项 D 的缆式线型探测器属于感温火灾探测器，选项 C 的光纤感烟无此类型。

57. D 具有两个及两个以上消防控制室时，应确定主消防控制室和分消防控制室。主消防控制室内的消防设备应能显示各分消防控制室内消防设备的状态信息，并可对分消防控制室内的消防设备及其控制的消防系统和设备进行控制；各分消防控制室内的消防设备之间可以相互传输、显示状态信息，但不能相互控制。

58. C 根据《建筑设计防火规范》（GB 50016）的规定，两座一、二级耐火等级的厂房，当相邻较低一面外墙为防火墙且较低一座厂房的屋顶无天窗，屋顶的耐火极限不低于 1.00 h，或相邻较高一面外墙的门、窗等开口部位设置甲级防火门、窗或防火分隔水幕或按规范第 6.5.3 条的规定设置防火卷帘时，甲、乙类厂房之间的防火间距不应小于 6 m；丙、丁、戊类厂房之间的防火间距不应小于 4 m。

59. C 固定顶储罐的保护面积应按储罐横截面面积计算；钢质单盘式与双盘式外浮顶储罐的保护面积，应按罐壁与泡沫堰板间的环形面积确定；钢质单盘式、双盘式与敞口隔舱式内浮顶储罐的保护面积，应按罐壁与泡沫堰板间的环形面积确定，其他内浮顶储罐应按固定顶储罐对待。

60. A 建筑高度大于 100 m 的民用建筑，灯具在蓄电池电源供电时的持续应急工作时间不应小于 90 min。

61. B 根据《消防安全技术实务（2018 年版）》中表 2—2—1 的规定，爆炸下限小于 10% 的气体，生产的火灾危险性类别为甲类。

62. B 根据《建筑设计防火规范》（GB 50016）的规定，同一座仓库或仓库的任一防火分区内储存不同火灾危险性物品时，仓库或防火分区的火灾危险性应按火灾危险性最大的物品确定。本题列举的装修材料储存的火灾危险性按先后顺序分别为丁类、丙类、戊类、丙类、戊类，故该仓库的火灾危险性应为丙类。

63. D 根据《消防安全技术实务（2018 年版）》中表 2—3—1 民用建筑的分类，选项 A 属于一类高层住宅建筑，不属于公共建筑，其中一层多家建筑面积 50 m^2 的粮店和储蓄所为小于 300 m^2 小型营业场所，属于住宅建筑中设置的商业网点。选项 B 同选项 A，为住宅建筑。选项 C 首先明确为高层公共建筑，但未明确建筑高度 24 m 以上部分任一楼层建筑面积大于 1 000 m^2，无法确认是一类高层。选项 D 建筑总高为 28 m，确认是高层建筑；1 ~ 3 层是商场，确认为公共建筑；因每层建筑面积为 1 500 m^2，超过了 1 000 m^2，因此属于一类高层公共建筑。

64. B 根据《建筑设计防火规范》（GB 50016）的规定，对于坡屋面建筑，建筑高度应为建筑室外设计地面至檐口与屋脊的平均高度，即为 20+4 ÷ 2=22（m）。由于室外设计地面低于地上一层地面 0.3 m，所以总建筑高度为 22+0.3=22.3（m）。

65. C 选项 A 是对建筑材料燃烧性能分级的论述。选项 B、C、D 是对建筑构件燃烧性能的分级及定义。其中，用燃烧性材料做成而用非燃烧性材料做保护层的构件应为难燃性构件。

66. B 根据《建筑设计防火规范》（GB 50016）中，木结构建筑内疏散走道、安全出口、疏散楼梯和房间疏散门每 100 人的最小疏散净宽度一表可知，当木结构建筑层数在

1 ~ 2 层时，其百人最小疏散净宽度为 0.75 m，据此，本题首层安全出口的最小净宽度为 0.75 × 2（150 人按 200 人计）=1.5（m）。

67. B　对城市交通隧道内附设的地下设备用房，占地面积大，人员较少，每个防火分区的最大允许建筑面积不应大于 1 500 m^2。

68. A　本题是常识题，防火卷帘属于防火分隔设施。常用的防火分隔设施有防火墙、防火隔墙、防火门窗、防火卷帘、防火阀等。

69. A　选项 A 中，首层外门的总宽度应按该层及以上人数最多的一层人数计算确定，不供楼上人员疏散的外门，可按本层人数计算确定。对于本题中的首层外门宽度，先按本层人数，根据已知条件做进行估算。根据《消防安全技术实务（2018 年版）》中人员密度的计算方法，该建筑为办公场所，人员密度按普通办公室每人使用 4 m^2 确定，首层建筑面积为 5 200 m^2，实际使用面积按 4 500 m^2 计，再除去疏散及辅助用房等面积，办公使用面积暂按 2 500 m^2。则首层人数为 2 500 ÷ 4=625(人)。一、二级耐火等级公共建筑地上 1 ~ 2 层安全出口每百人所需最小疏散净宽度为 0.65，则首层外门总宽度，在不考虑供楼上人员疏散的情况下为 0.65 × 6.25=4.06（m）。选项 A 不正确。

选项 B 中，根据防烟楼梯间的适用范围，该场所不属于高层建筑，且地下层数不足 3 层，未达到设置防烟楼梯间的强制标准。

选项 C 中，对于二级耐火等级建筑，房间疏散门至最近安全出口的直线距离一般不得超过 40 m，该场所设置了喷淋系统，疏散距离可在此基础上增加 25%，即 50 m。

选项 D 中，根据该场所性质以及干粉灭火器的适用范围，可以配置此类灭火器。

70. D　选项 A 中消防车道的净宽度和净空高度均不应小于 4 m；选项 B 中回车场的面积不应小于 12 m × 12 m；选项 C 中消防车道的间距应为 160 m。

71. C　定性评估是依靠人的观察分析能力，借助经验和判断能力进行的评估。在风险评估过程中，无须将不确定性指标转化为确定的数值进行度量，只需进行定性比较。

72. B　单独建造的消防控制室，其耐火等级不应低于二级。

73. B　一、二级耐火等级多层民用建筑之间的防火间距设定为 6 m，是基于对大量火灾实例研究得出的，并将此作为基准，按照建筑不同耐火等级相应确定防火间距。

74. D　根据《消防安全技术实务（2018 年版）》表 2—4—1 厂房之间及其乙、丙、丁、戊类仓库、民用建筑等的防火间距，以及相关补充说明，两座厂房相邻较高一面外墙为防火墙时，其防火间距不限，但甲类厂房之间不应小于 4 m，选项 D 错误。

75. C　根据《人民防空工程设计防火规范》（GB 50098）的规定，人防工程内不应设置哺乳室、托儿所、幼儿园、游乐厅等儿童活动场所和残障人士活动场所。

76. D　根据《消防安全技术实务（2018 年版）》相关内容可知，对应急照明设置有强制性要求的场所，包括民用建筑、厂房和丙类仓库，但单、多层住宅除外，选项 C 错误。

对于这些场所中具体设置对象及部位，结合本题选项来看，建筑面积未超过 100 m^2 的地下活动场所，选项 A 错误。建筑面积未超过 200 m^2 的餐厅不符合，选项 B 错误，宿舍等非住宅类居住建筑的防火要求，应符合有关公共建筑的规定，公共建筑中的疏散走道，应设置疏散应急照明灯具，选项 D 正确。

77. C　对于剧院、电影院的观众厅等人员密集场所，安全出口数量经计算确定且不少于 2 个。容纳人数超过 2 000 人时，超过 2 000 人的部分，每个出口平均疏散人数按 400 人计算，2 000 人以内的部分按 250 人计算。因此，出口数量为 2 000 ÷ 250+ 1 000 ÷ 400=10.5（个），向上取整后为 11 个。

78. C　根据《建筑设计防火规范》（GB 50016）的规定，局部设置自动灭火系统，防火分区的增加面积可按该局部面积的 1.0 倍计算。

79. C　根据《消防安全技术实务（2018 年版）》可知，一、二级耐火等级的单、多层教学建筑（题中教学楼非高层建筑），位于两个安全出口之间的疏散门，至最近安全出口的直线距离不大于 35 m。注意本题中场景是封闭楼梯间，排除未封闭楼梯间增加距离的情况。

80. C　公共建筑内，房间内任一点至该房间直通疏散走道的疏散门的距离不应大于相应建筑类别规定的袋形走道两侧或尽端的疏散门至最近安全出口的距离，根据《消防安全技术实务（2018 年版）》表 2—6—10 及注释可知，对于高层旅馆、展览建筑，且内部安全设置自动喷水灭火设施的场所，其距离为 15 ×（1+0.25）=18.75（m）。

二、多项选择题（共 20 每题 2 分。每题的备选项中，有 2 个或 2 个以上符合题意，至少有 1 个错项。错选，本题不得分；少选，所选的每个选项得 0.5 分）

81. AB　根据生产的火灾危险性分类标准，爆炸下限不小于 10% 的可燃气体，其生产的火灾危险性为乙类。

82. ABDE　根据《建筑设计防火规范》（GB 50016）的规定，高层建筑中的各种竖向井道，如电缆井、管道井等，其本身应是独立的防火单元，应保证井道外部火灾不扩大到井道内部，井道内部火灾也不蔓延到井道外部。高层建筑并非都是一级耐火建筑，选项 C 错误。

83. ABC　对照爆炸危险性厂房、库房的总平面布置相关要求，与主导风向垂直或夹角应不小于 45°，选项 A 错误；有爆炸危险的甲、乙类厂房、库房宜独立设置，宜采用敞开或半敞开式，选项 B 错误；相邻两个厂房之间不应有直接门相通，以避免爆炸冲击波的影响，选项 C 错误。

84. DE　电线电缆按绝缘材料及护套选择的不同类型，一般分为普通电线电缆、阻燃电线电缆和耐火电线电缆，其中耐火电线电缆主要适用于火灾时仍需要保持正常运行的线路，如工业及民用建筑的消防系统、应急照明系统、救生系统、报警及重要的监测回路。本题中选项 A、B 属于普通电线电缆，选项 C 属于阻燃电缆，选项 D 属于耐火电线电缆中的一种，选项 E 属于既耐火又阻燃的电缆。

85. AE　建筑防爆的基本技术措施分为预防性措施和减轻性措施，选项 A、E 属于预防性技术措施。

86. ABD　消防控制室的顶棚和墙面应采用 A 级装修材料，地面及其他装修应使用不低于 B_1 级装修材料，选项 C 错误。无自然采光楼梯间、封闭楼梯间、防烟楼梯间的顶棚、墙面和地面应采用 A 级装修材料，选项 E 错误。

87. ABD　本题中的 5 层商务办公楼，层高 4 m，建筑高度为 20 m，该商务办公楼属于轻危险级场所。装设网格、栅板类通透性吊顶的场所，当通透面积占吊顶面积的比例大于 70% 时，喷头应设置在吊顶上方。选项 A 正确、选项 C 错误。吊顶开口部位的净宽度不应小于 10 mm，开口部位的厚度不应大于开口的最小宽度，选项 B、D 正确。对于轻危险级场所，当喷头间距小于等于 3 m 时，喷头溅水盘与吊顶上表面的最小距离为 450 mm，选项 E 错误。

88. ABC　根据《消防给水及消火栓系统技术规范》（GB 50974）的规定，下列情况下可不设备用泵：①建筑高度小于 54 m 的住宅和室外消防给水设计流量小于或等于 25 L/s 时；②室内消防给水设计流量小于或等于 10 L/s 的建筑。

89. CD　根据《消防安全技术实务（2018 年版）》表 3—13—4 的规定，电影摄影棚、专用电子计算机房属于严重危险级，普通住宅属于轻危险级。

90. ADE　采用气体灭火系统的防护区，应设置火灾自动报警系统，并应选用灵敏度级别高的火灾探测器，选项 A 正确、选项 B 错误。采用自动控制启动方式时，根据人员安全撤离防护区的需要，应有不大于 30 s 的可控延迟喷射；对于平时无人工作的防护区，可设置为无延迟喷射，选项 C 错误。自动控制装置应在接到两个独立的火灾信号后才能启动，选项 D 正确。手动控制装置和手动与自动转换装置应设在防护区疏散出口的门外便于操作的地方，安装高度为中心点距地面 1.5 m，选项 E 正确。

91. ABC　室内消火栓的栓口出水方向应便于消防水带的敷设，并宜与设置消火栓的墙面成 90° 或向下，选项 D 错误。对于消火栓按 2 支消防水枪的 2 股充实水柱布置的建筑物，消火栓的布置间距不应大于 30 m；对于消火栓按 1 支消防水枪的 1 股充实水柱布置的建筑物，消火栓的布置间距不应大于 50 m，选项 E 正确。

92. ABCE　高层民用建筑（选项 A 正确）、设有消防给水的住宅、超过五层的其他民用建筑、超过两层或建筑面积大于 10 000 m^2 的地下或半地下建筑（室）、室内消火栓设计流量大于 10 L/s 平战结合的人防工程（选项 B 正确）、高层工业建筑和超过四层的多层工业建筑（选项 D 错误）、城市交通隧道（选项 E 正确），其室内消火栓给水系统应设水泵接合器；自动喷水灭火系统（选项 C 正确）、水喷雾灭火系统、泡沫灭火系统和固定消防炮灭火系统等水灭火系统，均应设置消防水泵接合器。

93. ABCD 火灾风险评估的作用主要体现在社会化消防工作的基础、公共消防设施建设的基础、重大活动消防安全工作的基础、确定火灾保险费率的基础等。

94. ABC 除敞开式汽车库外，Ⅰ、Ⅱ、Ⅲ类地上汽车库，停车数大于 10 辆的地下、半地下汽车库均要设置自动喷水灭火系统。

95. ABCD 人防工程中建筑面积大于 500 m^2 的地下商店、展览厅和健身体育场所，建筑面积大于 1 000 m^2 的丙、丁类生产车间和丙、丁类物品库房，重要的通信机房和电子计算机机房，柴油发电机房和变配电室，重要的实验室和图书、资料、档案库房，歌舞娱乐放映游艺场所等，应设置火灾自动报警系统。

96. ABCD 液化石油气罐的出液管道和连接槽车的液相管道上应设紧急切断阀。紧急切断阀宜为气动阀。紧急切断系统至少应能在距卸车点 5 m 以内、在控制室内或值班室内和在加气机附近工作人员容易接近的位置启动。

97. CDE 严禁将煤气、液化石油气等引入古建筑内，选项 A 错误。古建筑内严禁使用卤钨灯等高温照明灯具和电炉等电加热器具，不准使用荧光灯和大于 60 W 的白炽灯，选项 B 错误。

98.ABD 消防安全领域所说的易燃易爆危险品包括爆炸品、易燃气体、易燃液体、易燃固体、易于自燃的物质和遇水放出易燃气体的物质、氧化性物质和有机过氧化物。

99. BCDE 划分防烟分区的构件不包括防火窗。

100. ACD 根据《消防安全技术实务（2018 年版）》的内容，高层厂房和甲、乙、丙类多层厂房的疏散楼梯应采用封闭楼梯间或室外楼梯。本题主要判断几个选项场所的类型是否属于上述范围内，且是否达到设置防烟楼梯间的范围。选项 A 为高层厂房，且未超过 32 m，未明确任一层人数，符合要求；选项 B 为高层厂房，但已达到设置防烟楼梯间的要求，不符合题目要求；选项 C 甲酚厂房属于乙类，乙类多层厂房在此范围内，符合要求；选项 D 焦化厂焦油厂房属于丙类，丙类多层厂房在此范围内，符合要求；选项 E 金属铆焊厂房属于丁类，且该建筑非高层建筑，未达到设置封闭楼梯间的要求。